U0056513

農業教授教你
種出安心有機餐桌

Introduction to Growing Organic Vegetables

瑞昇文化

有機栽培並不困難，
期待各位在家庭菜園內
動手種看看！

「有機栽培」並不是培育作物的特別方法，
而是可使田園及土壤接近充滿活力的自然生態結構。
近代農業由於技術日新月異，生產效率因而突飛猛進；
另一方面，由於過度施肥與使用農藥，
不僅對自然環境造成問題，對於蔬菜的營養、味道及人體健康也產生不良影響。
由這種對近代農業的反省所提倡的「有機栽培」，
因只有使用少量的肥料及不使用農藥，
對於以依賴農業為生的專業農家會冒很大的風險。
不過，家庭菜園的目的並非是用來做為產業的農業。
其目的在於除可享受栽培的樂趣、收穫的喜悅、
體驗汗流浹背的舒暢感之外，同時又可種出安心、安全的蔬菜。
作者認為，只需學會基本的栽培技術，
就足以從事家庭菜園的「有機栽培」，這絕非難事。
因此，希望家庭菜園能推動「有機栽培」。
並非「因是家庭菜園才適合有機栽培」，
而是同時也需探究「因是家庭菜園才可嚐到蔬菜的可口美味」。
在佐倉式「有機栽培」一書中，
重新檢視受到傳統經驗及直覺所左右的有機農業之栽培技術，
並加入新的知識見解，淺顯易懂，一般人也很容易就可學會，並致力於有機栽培。
對剛開始從事家庭菜園的人們，我們建議的栽培方法當然也是「有機栽培」。
依靠自然力量，就可將作物的生長活力提高到極限，
何不利用這種佐倉式栽培，開始種植安心與安全的蔬菜呢？

農業教授

教你種出安心有機餐桌

目錄

栽培篇 果菜類 53

栽培篇 根莖類 83

栽培篇 葉菜類 95

栽培篇 香味蔬菜 115

器具與資材的選購方法 127

不使用農藥的病害蟲防治措施 135

本書之特徵與使用方式

有關作畦／畦寬、畦床寬度、走道寬度的表述

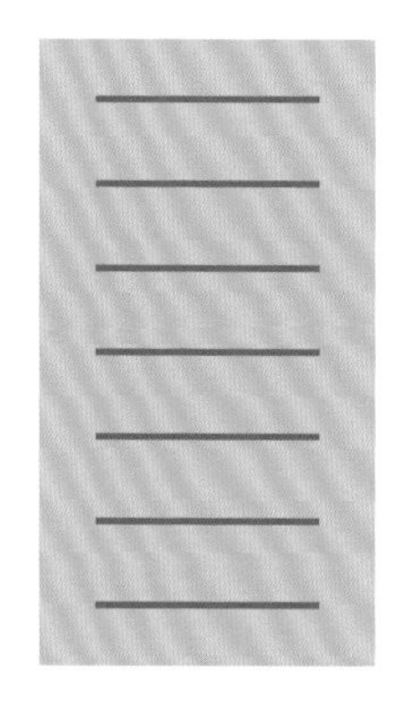

將播種蔬菜種子及種植蔬菜的「床（bed）」，稱為畦床；與走道合稱為「畦」。畦一般考慮到日照，以南北向為佳。畦床寬度與走道寬度依所種植蔬菜的植株高度及寬度而有所不同，這點很重要。畦床長度請依所欲種植的株數進行調整。

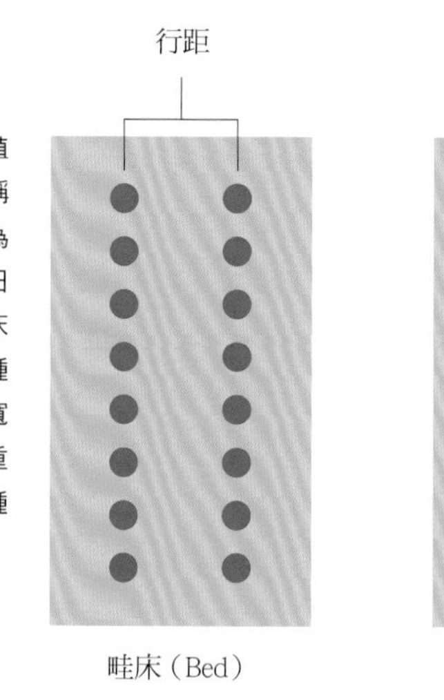

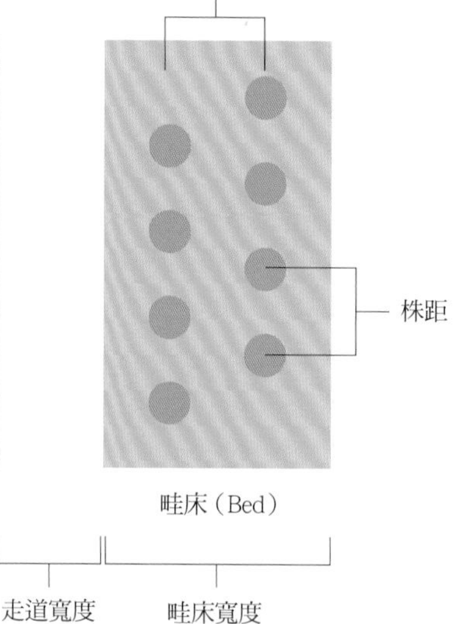

畦寬

何謂橫切式平行淺溝？

做成和畦床呈直角的播溝或植溝之方法稱為「橫切式平行淺溝」。種植不會長得很高的小松菜及菠菜等蔬菜時，建議採用這種方法。可在狹窄的空間種植大量的株數。

依氣候區分的栽培行事曆

本書依氣候條件的不同，區分為「寒冷地帶」、「中間地帶」與「溫暖地帶」等3種，介紹其栽培行事曆（有關於如何區分，請參閱下述說明）。請配合所居住地方適合種植的種類再進行栽培作業。

有關「寒冷地帶」、「中間地帶」與「溫暖地帶」的區分

依氣候條件的不同，區分為「寒冷地帶」、「中間地帶」與「溫暖地帶」，並記載其栽培行事曆。區分的大致標準如下。

寒冷地帶…北海道、東北、新潟縣、富山縣、石川縣、高冷地
中間地帶…福井縣、關東甲信、東海、近畿、中國、九州北部
溫暖地帶…四國、九州南部、沖繩縣

※此區分係大致標準。在各地帶也會因標高、地形，以及海邊地區受到海流等因素影響，依氣候條件而有所不同。請配合居住地區的氣候條件進行栽培。所居住地區的栽培時間若不清楚，建議向附近的園藝店詢問確認。

詳盡的栽培資訊

彙整記載栽培所需的基本資訊。

●科名並非APG分類體系，係依傳統的分類體系。

●連作有無障礙項目方面，標示出最好避免種植同科蔬菜的期間。

●於條播後進行間拔培育蔬菜時，其株距係以數字標示出間拔後的最終株距。

●在作畦方面，除了畦床寬度之外，植株會大幅擴展寬度的蔬菜部分，也標示出走道的寬度。請參閱菜園計畫。

●「／m^2」為每$1m^2$的使用量。

●有關基肥的施肥方面，若沒特別事先聲明就是全面施肥（參閱24頁）。

●基肥及追肥因蔬菜種類不同，使用資材的種類與數量會有所差異。請參閱作業方法。

●N－P－K＝●－●－●係表示總重量100g中所含氮（N）磷（P）鉀（K）的百分比。

●有關資材方面，若沒特別事先聲明，有機石灰為使用鹼成分40～50%的牡蠣殼石灰。伯卡西肥料施加在果菜與根莖類方面，其N－P－K＝6－7－3.5左右；葉菜類N－P－K＝8－4.5－3左右；苦楝油渣N－P－K＝5－0.5－1.5左右，其有效成分的印楝素（Azadirachtin）含有量3000mg／ℓ；微生物資材為N－P－K＝2－6－3左右，pH8.0左右，標示出使用這種含有高溫性、好氣性的微生物資材的大致標準。有機資材因產品不同，成分含量會有所差異，請依包裝袋之標示使用。

※植株的大小及肥料份量等數字全部是大致標準。並非必須與所記載的數字完全相同，也不表示數字不一樣，蔬菜就無法栽培。

佐倉式
有機栽培的建議

佐倉式栽培概念

希望依自然生態結構種植蔬菜

以無農藥、無化學肥料進行栽培，在有機栽培的本質上是非常重要之要件。不過，佐倉式栽培與只是無農藥、無化肥的栽培稍有不同，佐倉式認為，在自然的生態結構中需確實掌握人類的定位，並以宏觀的觀點深思熟慮乃是無比重要的事。

人類進行農耕＝農業生產的歷史據說已高達一萬數千多年。在農業的發展上，人類為高效率獲得更多自然界資源，運用自然界的結構，並經過不斷努力，累積了豐碩的成果。不過，因太著重於以大量生產為目標，且持續地以人類為本位進行栽培，明顯擾亂了自然界的生態結構，最後威脅到人類的生活及健康。

因此，佐倉式栽培係以依靠自然界的生態結構，恢復「本來的農業面貌」為目標。

這種栽培方法就是不使用不存在於自然界的化肥及化學農藥，此事自然無庸贅言，而且還更進一步重視自然界的循環與生存於自然界的多樣化生物。

任誰都可輕鬆從事有機栽培

大概不少人都認為「有機栽培很困難」。不過，有機栽培絕不困難，卻被認為困難的原因有兩個。

其一為，不用農藥栽培，遭到病害蟲危害的風險很高，對於以依賴農業為生的農家而言是個攸關生存的問題。另一個原因為，有機栽培技術係為因應自然變化的一種技術，受到農家經驗所左右，其技術無法精確地呈現出來。

有關第一個原因，因家庭菜園並非以生計為目的，即使農作物多少會受到病害蟲的危害，但並不會造成生活上的問題。

第二個有關栽培技術方面，佐倉式栽培在作物培育的生態結構上，係就作物與土壤，以及與其他生物之間的關係全都經過驗證，任誰都可輕鬆從事的一種栽培方式。

有機栽培以本來農業的面貌為基礎，彈性地採納現代栽培技術及資材，宛如「擇優汰劣」的一種方式。本書可說是讓新手也可輕鬆從事的一種編排方式，也是對於迄今仍猶豫不決，認為「似乎很難」的人所極力推薦的一種栽培方法。

佐倉式

有機栽培的六大重點

Point 1 勿太拘泥於JAS法的定義

「本來應有的農業面貌」才是有機農業

所謂的「有機農產品」，一般認為這是指以有機栽培所生產出來的農產品。日本專業農家將農作物做為「有機農產品」販賣時，必須符合2000年起通稱「JAS法」的法律之規定。

有機農產品依JAS法規定，必須符合以下各項基準：①播種或種植之前有2年以上（多年生作物初收成為3年以上）未使用化學合成的肥料及農藥；②需使用以有機方式所培育的種子或種苗；③避免從周邊飛來或流入禁止使用的資材等，進行環境整頓。

不過，有機農業、有機栽培並不僅是「為了生產有機農產品的農法」，佐倉式的有機栽培技術並未太過拘泥於JAS法的定義，而是「引出作物本來所具有的生命力，藉由這種方式培育健康的蔬菜」，以此觀點所思考出來的栽培方式。

佐倉式栽培認為這種依賴自然力量「本來應有的農業面貌」才可稱為有機農業。

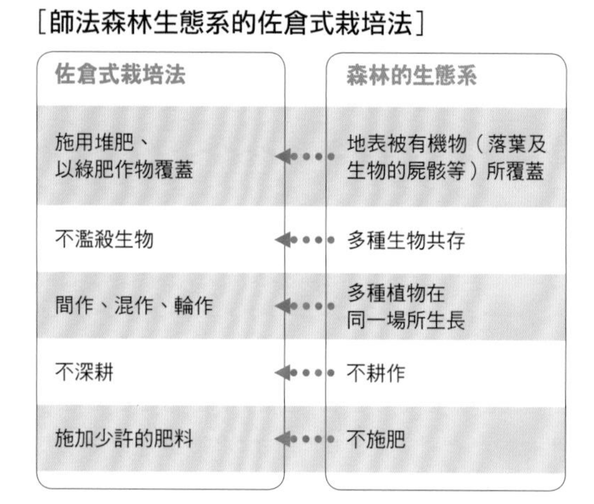

[師法森林生態系的佐倉式栽培法]

Point 2 思考如何與自然共生共存

不濫殺對人類有害的害蟲

佐倉式的有機栽培尊重自然界的生態結構，認為與自然界共生共存乃是最重要的。

種植蔬菜一定會有蟲類，其中也會有捕食蟑螂的七星瓢蟲等益蟲。不過，益蟲若缺少害蟲這種食物也無法生存。另外也會因殺掉1種蟲類卻反而衍生出大量意想不到的蟲類，導致作物受害。

也就是說，保持這些蟲類共生的狀態就是自然界的生態結構。雖說是害蟲，但並不會予以濫殺，在確認可容許受害的範圍後，選擇共存之道就是所謂的佐倉式栽培。

Point 3

土壤培肥 師法森林土壤

鬆軟土壤的啟發 來自森林的生態結構

佐倉式栽培不僅是重視顯而易見的作物，也關注土壤這方面。

請在腦海中浮現出山林落葉樹下的土壤看看。

在這裡的土壤中棲息著各種微小生物，牠們以落葉及枯枝為食。不久之後，這些小蟲吃剩的有機物及排泄物被人類肉眼所無法看到的黴菌及細菌等微生物分解，變成養分。

未被分解的有機物則變成黝黑的物質，稱為「腐植質」，形成營養豐富的土壤層。變成腐植質後，會附著微小的土壤粒子（黏土），進而形成土壤團粒化，最後呈現出鬆軟的狀態。

肥沃的土壤並非人類耕耘的結果，而是經小動物及微生物作用後所形成。因此，即便是家庭菜園也可預料到其土壤中會有微生物，基本上，土壤儘量不耕耘。

在毛豆根上共生的根瘤菌。由於根瘤菌的作用，可將氮素供給豆科蔬菜，肥料即便很少也可生長。

佐倉式有機栽培係利用落葉堆肥，其土壤培肥以接近自然生態結構為目標。

森林中的各種生物在自然的生態結構下共生共存。

Point 4

盡量減少施肥

利用微生物 提高地力

家庭菜園並不像山林將養分聚集在土壤中而可不斷循環利用。每次培育蔬菜時土壤的養分都會被吸走，為取代落葉，必須投入堆肥或肥料以補充養分。

雖說如此，但仍應盡量減少施肥，引出作物的活力，並將自然的生態結構發揮到極限，這就是佐倉式的栽培方式。

近代農業為達到讓作物直接吸收養分之目的而投入肥料，而佐倉式則使微生物的作用活化，為達到提高地力之目的而投入堆肥及有機物。

地力若提高的話，蔬菜生長所需的肥料量就可減到最低限度，多餘的養分就不會蓄積在作物及土壤中。

結果，不但可減少對環境的負擔，也可種出美味可口的蔬菜。

Point 5 在害蟲少的時期栽培

錯開栽培時期 讓作物不會遭到病蟲害

有機栽培不使用不存在於自然界的農藥。因此，即使發生病害蟲也難以立即消滅，遠較一般的田園還要嚴格的條件下進行栽培。因此，佐倉式相當重視預防措施。

首先，盡量避開在病蟲害容易發生的季節進行栽培。在蔬菜容易種植的春秋兩季，以蔬菜為食物的害蟲也會大量發生，若稍微錯開栽培季節就可減少受害。

例如，冬天白蘿蔔雖可於8月下旬左右播種，但在8月下旬播種，害蟲的活動仍很活躍，會成為害蟲特別喜歡的食物。

因此，可延至9月下旬播種。此時氣溫下降，為避免生長遲緩，必須鋪設覆蓋物（mulch），且因害蟲數量減少，可降低損害發生機率。

只要投入一些時間及勞力，不需依賴農藥就可栽培。

長得快又漂亮的高麗菜。錯開種植時期等，費點心思也可進行無農藥栽培。

在西瓜的畦床兩側栽培麥子，為間作之一例。西瓜的藤蔓伸展到畦床外時，麥子也可發揮覆蓋物的功能。

Point 6 利用安全資材防治病害蟲

採用來自食品及植物的驅避劑

即使採取前述的預防措施也很難以完全防止病害蟲的危害。因此，善用被覆資材、障壁作物及天敵等進行栽培。另外，亦綜合性地採納各種栽培方式，以輪作（參閱14、137頁）為基本，實施間作、混作（間作、混作：指同時種植數種作物。請參閱137頁）及共生植物等栽培方法。

為導引出作物的生命力，使用具有殺菌作用的醋，以及取自食品與植物的萃取液等農業資材也都很有效果，且可方便取得。

相對於化學農藥，這些資材亦可稱為「自然農藥」、「天然農藥」，其中也有自古以來就流傳使用迄今的傳承栽培農法。雖然無法立即見效，但掌握時效加以噴灑就可減少病蟲害所造成的損害。

不可不知栽培技術必備的基本知識

目前大多數的蔬菜已可整年栽培，但這並非單純地將播種及定植時期稍加錯開就可以。

首先必須考慮因季節而會有所變化的栽培環境後再選擇品種。品種需重視早晚熟性（參閱右下欄）、耐熱性及耐寒性等的溫度，以及對於會影響花芽分化（可形成花芽）的日照長短之反應等。此外，還要研究有關栽培環境與適合品種的栽培管理技術。

作物栽培模型在蔬菜培育上為最基本的重要思考方式。

有機栽培在輪作（參閱14、137頁）、間作、混作（參閱137頁）等，與前後或同時栽培的蔬菜間之關係也很重要，作物栽培模型技術與輪作技術融合形成重要的基本技術。在本書中，以家庭菜園的露天栽培為基本，介紹有關作物栽培模型，讓新手也可輕鬆種植蔬菜。

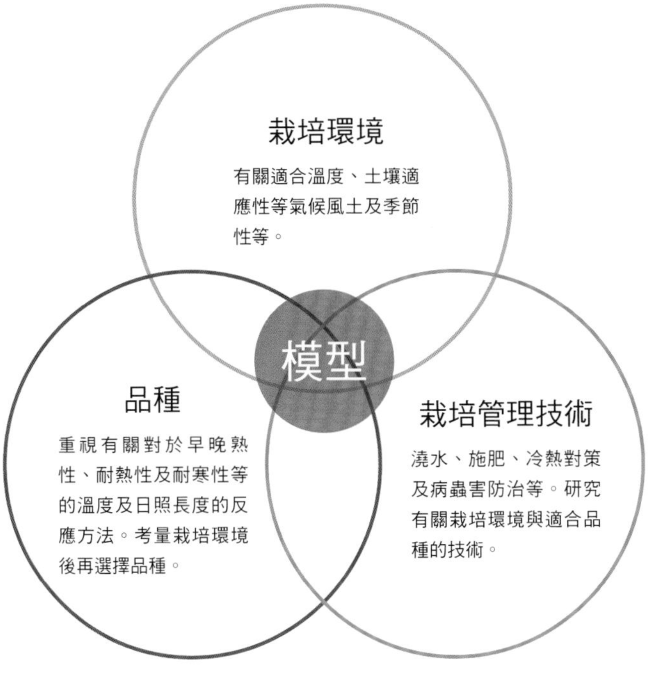

1 蔬菜栽培的基本在於「栽培模型」

蔬菜中有稱為「原生種」、「地方品種」，這是指在當地自古以來就持續種植迄今的品種。

這些品種大多已可適應所在地方的氣候及土地條件，成為當地品質優良、產量高的優異品種。大多數的品種均經過長年的栽培，反覆進行採種所培育而成，並結合當地研究出的栽培管理技術而傳承迄今。

在此當中形成一種栽培管理模型：有關適合溫度與土壤適合性等氣候風土及季節性的「栽培環境」；適應該土地的「品種」；澆水、施肥、寒暑對策及病害蟲防治的「栽培管理技術」等，以這三種要素形成一體的栽培模型。將這種有季節特徵、可清楚辨識的栽培模型稱為「作物栽培模型」。作物已適應栽培期間中的氣候與栽培地區的土壤等的栽培方式。

模型

栽培環境

有關適合溫度、土壤適應性等氣候風土及季節性等。

品種

重視有關對於早晚熟性、耐熱性及耐寒性等的溫度及日照長度的反應方法。考量栽培環境後再選擇品種。

栽培管理技術

澆水、施肥、冷熱對策及病蟲害防治等。研究有關栽培環境與適合品種的技術。

作物栽培模型實例（以馬鈴薯為例）

馬鈴薯的生長適合溫度為15～20℃（生長極限最低溫度為10℃，最高溫度為22℃），從播種至收穫均必須在此溫度範圍內進行。因此，在關東地方以西可進行春作與秋作2次栽培；在北海道則只有夏作1次（栽培環境）。在氣溫逐漸上升時期進行栽培的春作，由於可確保較長的栽培期間，任何品種都可種植；而在過了暑熱高峰期後播種，在霜降前必須收穫完畢的秋作方面，為使發芽儘速一致，必須選擇休眠期間較短的品種（「出島」、「西豐」等）。

春作、夏作及秋作各有管理重點，例如，春作方面，在低溫時需架設隧道式覆蓋或聚酯薄膜覆蓋物保溫；梅雨季時採取排水措施等均格外重要（栽培管理技術）。

依上述的栽培環境、品種及栽培管理等三要素形成「作物栽培模型」。

何謂早晚熟性？

以播種後至收穫期間的長短為基準，為品種分類的方法之一。依播種後至收穫的天數，由最短天數依序分類，分為「極早熟」、「早熟」、「中早熟」、「中熟」、「中晚熟」、「晚熟」等。新手最好選擇栽培天數較短的極早熟或早熟的品種，因受到病蟲害損害的風險較少，容易種植之故。

2 以輪作方式種植健康的蔬菜

農業基本上是在同一塊土地上不斷反覆栽培作物。此時，若每年在相同場所反覆栽培同種作物之方式，稱為「連作」（請參閱137頁）；若以一定順序反覆栽培不同數種類作物之方式則稱為「輪作」。

若不斷反覆栽培相同作物，土壤中大部分的養分會被作物所吸收而減少，土壤中的養分就會失衡，同時侵害作物的疾病及害蟲也會增加，容易罹患疾病及生理失調等問題，稱之為「連作障礙」。

另外，即使沒有連作，若栽培的頻率過高或連續種植基因相近的蔬菜，也會發生連作障礙。

例如，在番茄之後，若種植同是茄科的茄子，或馬鈴薯的話，會產生與種植番茄相同的結果。因此，必須注意同「科」的作物就是相同種類的作物。

輪作的優點就是可抑制特定的雜草叢生及病蟲害的發生。

此外，作物依種類的不同，根的伸展方式（擴展及深度）、土壤中的養分均衡吸收等也都互不相同，因此，藉由種植不同種類的作物，可使土壤微生物多樣化，同時亦具有抑制土壤中病害蟲繁殖的效果。

結果，不需依賴農藥及化肥，就可避免遭受病蟲害及生理失調。

請參閱以下表列，在栽培前思考有關主要蔬菜的「科」與最好休種的年限間之標準，擬定種植計畫。

十字花科典型的連作障礙，被根瘤病所感染的小松菜。

小黃瓜等葫蘆科植物與長蔥混植，被認為具有抑制葫蘆科蔓割病之效果。

蔬菜主要的「科」與作物

科名	主要作物
錦葵科	秋葵等
藜科	菠菜等
十字花科	蕪菁、白花椰菜、高麗菜、小松菜、白蘿蔔等
禾本科	玉米等
葫蘆科	南瓜、小黃瓜、苦瓜、西瓜等
菊科	牛蒡、茼蒿、萵苣等
芋頭科	芋頭等
生薑科	生薑等
繖形花科	紅蘿蔔、香芹等
茄科	馬鈴薯、辣椒、番茄、茄子、青椒等
薔薇科	草莓等
旋花科	空心菜、地瓜
豆科	四季豆、毛豆（大豆）、碗豆、蠶豆等
百合科	洋蔥、長蔥、韭菜、大蒜、紅蔥頭等

蔬菜的休種年限

休種年限	主要蔬菜
即使連作也不會受到影響的蔬菜	洋蔥、蔥、南瓜、秋葵、菠菜、地瓜、玉米
最好休種1年左右的蔬菜	萵苣、白蘿蔔、蕪菁、中國油菜類、山藥、紅蘿蔔
最好休種3年以上的蔬菜	白菜、高麗菜、白花椰菜、牛蒡、馬鈴薯、芋頭、四季豆、毛豆
最好休種5年以上的蔬菜	番茄、茄子、青椒、小黃瓜、西瓜、豌豆

出處：鈴木方夫編著「蔬菜栽培的基礎知識」（農文協 1996年）45頁

肥料的選擇與土壤培肥

選擇肥料的重點

使用堆肥及有機質肥料形成具有地力的菜園

佐倉式所做的堆肥係將蔬菜修剪下來的碎屑或收穫後的殘渣等混合後製成落葉堆肥，以及使用市售的樹皮堆肥等。

盡可能不使用家畜糞便堆肥等動物性堆肥，其原因為考量「植物體的構成元素存在於植物體」之故。

此外，考慮到有機物所含的碳（C）與氮（N）的比率（C／N比）方面，植物性堆肥較動物性的碳氮比還高，這是一種更接近森林狀態的穩定分解。不過，也有使用牛糞堆肥，以草食動物的牛隻糞尿與飼育場所的稻草混合做成原料，因類似植物性堆肥，故可例外使用。

肥料則使用以有機物為原料的有機質肥料。主要的有機質肥料有油渣、雞糞、魚渣及骨粉等。

這些有機物質與化肥相較，前者效果緩慢，而肥效可持續較久，但反之，其肥料三要素（氮磷鉀）的均衡性較差，在分解的途中會發生熱量及氣體，有時也會造成發芽障礙及傷害根部。

佐倉式栽培係以數種有機質肥料事先均衡地配合而成的「伯卡西肥料」為主體，進行土壤培肥。伯卡西肥料除了肥分非常均衡外，因已發酵完成，不需擔心會傷到芽及根部，肥效安定亦為其優點。

堆肥及伯卡西肥料雖可自行製作，但在發酵過程除了會發出異味外，並需準備材料及辛苦地翻動堆肥，相當麻煩費力，因此，新手還是使用市售堆肥較為方便。

選購

Point 1 已經完熟的堆肥

堆肥需選擇已經完熟的，若使用未完熟的堆肥，除會產生惡臭及病害蟲外，投入土壤之後就會開始分解，導致蔬菜的根部遭到損傷，因此，必須使用已經完熟的堆肥。以落葉堆肥及樹皮堆肥時，選擇已看不出葉子等形狀之製品為重點所在。

所購買的製品若尚未完熟，就原封不動地放在袋中，或在菜園外面挖洞埋入，等臭味除去後再行使用。

Point 2 微生物資材琳瑯滿目 仔細閱讀包裝標示後再購買

為改良土壤所使用的微生物資材，市售的產品各式各樣，其中有以孢子的狀態，將各種有效微生物製成產品的土壤改良劑；以及在製造過程中，以有效微生物將有機物分解的特殊肥料等。前者有併用綠肥、稻草、稻殼及植物性堆肥等的有機物；後者若併用含氮素多的有機物（米糠、油渣等）時，常會發生有毒氣體，必須注意。選購前需確認包裝袋上的標示，仔細閱讀使用方式、效果及肥料成分等的標示後再行購買。

Point 3 仔細確認 伯卡西肥料是否為100%有機

不論是基肥或追肥，佐倉式栽培均使用數種有機質肥料事先均衡地配合而成的伯卡西肥料。

市售的伯卡西肥料之中，確認有無標示「有機配合肥料」、「含有機」，或含有化肥與有機肥料兩者的肥料。

請仔細確認是否為100%有機後再行購買。

Point 4 建議依種植的蔬菜種類 分開使用伯卡西肥料

伯卡西肥料為天然素材，肥料的要素均衡受到限制，不過，氮磷鉀需取得平衡的肥料係針對果菜類、根莖類之基肥；氮素需較多的為針對葉菜類的基肥與全部蔬菜的追肥等，請配合用途選擇適合的肥料。

與油渣及微生物資材等其他有機質肥料併用時，請於考量該資材的肥料含有量後，再決定伯卡西肥料的種類及數量，這點也相當重要。肥料均衡係以N（氮）、P（磷）、K（鉀）來表示，如N－P－K＝6.0－5.1－2.7（表示100g中各含幾%的肥分）所示，所分析的實例係以百分比記載於包裝袋上。

改良土壤的資材

落葉堆肥

來自植物的堆肥。
可促進團粒化，使土壤肥沃

● 特徵

使闊葉樹的落葉發酵後製成，為改良土壤效果最佳的資材。將含有微生物食物的有機物混入土中，可促進團粒化，具有使土壤肥沃的效果。

● 使用方式

土壤培肥時撒上1.5ℓ/m²。

● 選購方式之重點

使用完熟的堆肥。葉子等的形狀已看不出來，且沒有臭味，用手觸摸會有鬆散的感覺者為佳。

有機石灰

補充礦物質成分

● 特徵

以貝殼或蛋殼等有機物為原料之資材。豐富的礦物質成分可使作物的根部發育良好。

● 使用方式

開始進行有機栽培不久的菜園，於土壤培肥時撒上50～100g/m²。使用的目的並非調整土壤的pH值，但結果pH值會變高，必須注意。連續的使用需加以節制。

● 選購方式之祕訣

「對於土壤礦物質成分的補給，以取自海洋的物質較佳」，基於這種思考，使用牡蠣殼石灰或貝殼石灰。比起粒狀來，可均勻細膩地與土壤融合在一起的粉狀形態較容易使用。

落葉堆肥不易取得時？

與動物性堆肥相較，植物性堆肥更為接近森林狀態，基於這種思維，建議選擇植物性堆肥進行土壤培肥。

樹皮堆肥

相對於落葉堆肥係將闊葉樹的落葉堆積起來發酵而成的堆肥，樹皮堆肥則是將樹皮粉碎後經長期間堆積發酵而成的堆肥。發酵至樹皮的形狀看不出來，已完全分解的製品為佳。

牛糞堆肥

其原料係以草食動物的牛糞尿與飼育場所的稻草混合而成的堆肥。由於類似植物性堆肥，在其他植物性堆肥難以取得時可例外使用。以完熟且無惡臭者為佳。

米糠

以未發酵的有機資材做爲微生物的食物

● **特徵**

精米時所產生的外皮及胚粉。富含維他命類、脂肪及蛋白質等。係一種未經分解的資材。

● **使用方式**

以太陽熱消毒（參閱26頁）土壤時，與伯卡西肥料及微生物資材一起撒入，可做為微生物的食物。自己製作伯卡西肥料時，亦可用來做為原料之一。

● **選購方式之重點**

以在食品賣場販售者為佳。

微生物資材

利用微生物的作用，可促進有機物分解

● **特徵**

利用微生物的作用，可促使有機物分解。有機物的效果可使土壤變鬆軟，微生物的效果則可使根的伸展良好。

● **使用方式**

在土壤培肥時，已發酵完成的製品可與堆肥及伯卡西肥料一起撒入。在開始進行有機栽培之初，為在1年之間投入一定量，不防將微生物一起納入施肥。投入微生物本身這種型態的製品，宜在春作及秋作之前，菜園長期間空閒時期投入較為合適。

● **選購方式之重點**

含有微生物的資材琳瑯滿目，選購時應仔細閱讀標示上的使用方法、效果及肥料成分等。

作物對於有機質肥料與化學肥料吸收過程截然不同

化學肥料所含之氮素（無機氮素）在土壤中變化之後被根部吸收。有機質肥料方面，形成氮素來源的蛋白質則緩慢分解。在分解過程，最後會出現以接近化肥的形態被吸收之部分，以及以胺基酸等形態被吸收之部分。也有一說是，若緩慢地吸收氮素成分，醣及維他命C的含有量會增加，以胺基酸的形態吸收的量愈多，蔬菜就會愈美味可口。

肥料三要素N、P、K的主要作用

在蔬菜的生長發育上，所需營養素最多的是氮（N）、磷（P）、鉀（K）三要素，並與其他必需要素一起幫助蔬菜生長。

N＝氮素

主要作用…亦稱為「葉肥」，為葉子與莖的生長上所不可欠缺的要素。

不足時…葉子變小、顏色變淡。

過剩時…只有莖葉過於茂密，整株呈現軟弱且容易染病。果菜類則不會結成果實。

P＝磷素

主要作用…亦稱為「花果肥」，為花朵及果實生長上所不可欠缺的要素。

不足時…在莖葉上會產生花青素(Anthocyanins)，植株呈現矮小、瘦弱，且花數少，不會開花及結果。

過剩時…雖然比較不會出現障礙，但無法吸收礦物質類，生長變差。

K＝鉀素

主要作用…亦稱為「根肥」，為根的生長上所不可欠缺的要素。可促進新陳代謝，且在調整生理作用等方面也具有重要的功用。

不足時…對於病害蟲的抵抗力變低，塊根及球根無法變大。

過剩時…協助光合成的鎂（苦土）及鈣（石灰）等的吸收會受到妨礙，發育不良。

取自有機物的肥料等

伯卡西肥料　因已完成發酵，不會產生障礙

● 特徵

所謂的「伯卡西（Bokashi）」是發酵後變得模糊不清，或用土壤等稀釋後變淡之意。將油渣、雞糞、稻殼及米糠等有機物混合在一起，加入土壤後發酵而成的肥料。相較於雞糞或油渣等單一有機質肥料，較不易傷到根及芽，具有肥料成分偏少的優點。因具有速效性，亦可用於追肥。

● 使用方式

雖已發酵完成，但欲撒在全部土壤中進行混合全面施肥時，需在種植的2週前撒布。依製品的不同，肥料成分的含有量也各不相同，需斟酌用量。

● 選購方式之祕訣

伯卡西肥料三要素的一般成分比為氮≧磷≧鉀，但依對原料的設計製作，市售的製品中亦有提高氮磷含有率的製品。例如，使磷酸的比率占較多時，N－P－K＝5～6－6～7－3～4等的製品可做為果菜類的基肥之用；N－P－K＝5－5－4等採取均衡的製品可做為果菜類及根莖類之用；氮素含量較多的N－P－K＝7～8－3～4－3等的產品則可做為葉菜類及全部蔬菜的追肥，請就想要種植蔬菜所適合的要素比率，選購100%有機伯卡西肥料。

苦楝油渣　除具有肥料效果之外，防治害蟲的效果亦備受矚目

● 特徵

以苦楝油的榨渣為主要成分所製成的肥料。除具有肥料效果之外，據說苦楝特有的成分亦可使害蟲不敢靠近。

● 使用方式

使用於土壤培肥，或撒布在畦面。於定植後撒在種苗的周圍，或生長至某種程度後，也有在葉子的上方稀疏地撒上少量的方法。

● 選購方式之祕訣

因苦楝的有效成分大多含於種子的核心部分，因此，宜選擇壓榨核心部分的油渣。

苦楝萃取液　可促進作物生長發育，亦可驅除害蟲

● 特徵

由苦楝種子萃取出來的植物活性液。據說除可促進作物的生長發育外，亦會散發出害蟲所討厭的氣味。

● 使用方式

成分濃度依製品而各有不同，請依製品所規定的稀釋倍率用水稀釋後使用。有效成分容易被紫外線分解，在傍晚噴灑效果最好。

● 選購方式之重點

宜選擇去除苦楝油的油分、高純度的製品。

苦楝樹小檔案

苦楝樹原產於南亞、東南亞，屬楝科，為常綠闊葉樹，日本稱為「印度栴檀」。佐倉式栽培係使用苦楝油的榨渣及萃取液。

含有氮素成分，苦楝油渣做為特殊肥料，萃取液則做為植物活性液販賣。據說其有效成分的印楝素（Azadirachtin）對於吃食蔬菜的害蟲具有驅避效果。除了可於土壤培肥時散布外，亦可依蔬菜的生長狀態進行散布。

100%有機液體肥料

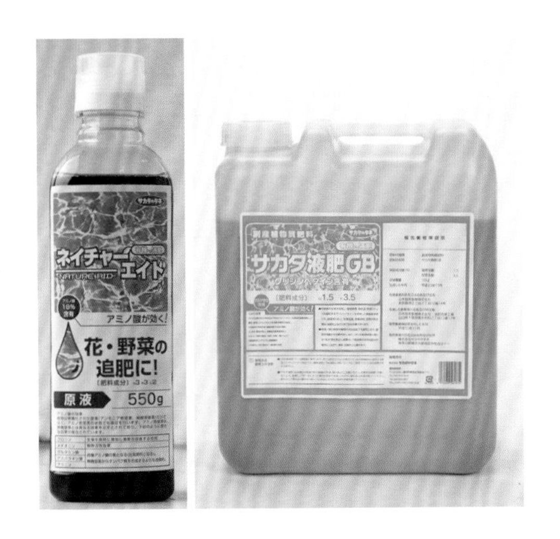

肥料成分容易被吸收
速效性備受期待

● 特徵

將有機物發酵後加以濃縮，製成液狀的肥料。肥料成分非常均衡，較固狀肥料還容易被植物吸收，且速效性高。在生長發育條件惡劣的環境下，可幫助植物生長的一種製品。

● 使用方式

肥料成分的含有量依產品而各有不同，因此，請依包裝袋標示的稀釋倍率以水稀釋後使用。除了可做為追肥灑在土壤中外，亦建議噴灑在葉面上。以太陽熱消毒土壤時噴灑，亦可成為微生物的食物。

● 選購方式之重點

以佐倉式栽培時，較之動物性有機物來，建議選購以玉米或甘蔗等植物性資材為原料的製品。

噴灑在莖葉上的液體肥料（海藻萃取液）

海藻可使使蔬菜蓬勃生長
也可防治小型害蟲

● 特徵

取自海藻的成分，是一種可使植物蓬勃生長的「特殊肥料」。據說其黏糊糊的成分也具有可將蚜蟲等較小型害蟲的氣門堵塞住的效果。

● 使用方式

在水中稀釋後使用（由於不容易溶解於水中，可以兩階段稀釋）。使用噴霧器等噴灑全體作物。對於害蟲則降低稀釋率，灑上濃稠的液體。

● 選購方式之重點

選購時需注意製品有無明確標示係以特殊肥料登錄，這點非常重要。

「基肥」與「追肥」分開使用不同的資材

使用於「基肥」與「追肥」的資材種類不同，需分開使用。土壤培肥時，投入土壤中的是「基肥」；在生長發育中投入的肥料是「追肥」。肥料成分會因為雨水等而流失，此外，與人類一樣，蔬菜會隨著成長而需要更多的養分。栽培期間較長的蔬菜，並非以基肥形態將所有需要的肥料成分一次施加，而是包括追肥在內，分數次施肥才具有效果。基肥與追肥分別有各自適合之資材，請參閱右列所述，仔細分開使用。

【使用於基肥之資材】
有機石灰、落葉堆肥、微生物資材、伯卡西肥料、苦楝油渣

【使用於追肥之資材】
伯卡西肥料、苦楝油渣、苦楝萃取液、莖葉噴灑液體肥料（海藻萃取液）、100%有機液體肥料

基本的土壤培肥

投入有機物使土壤鬆軟

據說可使植物生長良好的是已經團粒化的鬆軟土壤。堆肥等有機物在土壤中因微生物的作用被分解後，形成稱為腐植質的物質。腐植質與土壤的粒子結合在一起，促使土壤團粒化。

植物較粗的根通過團粒的空隙間，往更深處伸展，較細的根則有效率地吸取團粒中的水分。由於根部有水分與氧氣充分供給，植物因而生長良好。請以確實的土壤培肥，生產出鬆軟的土壤為目標。

團粒結構的土壤示意圖

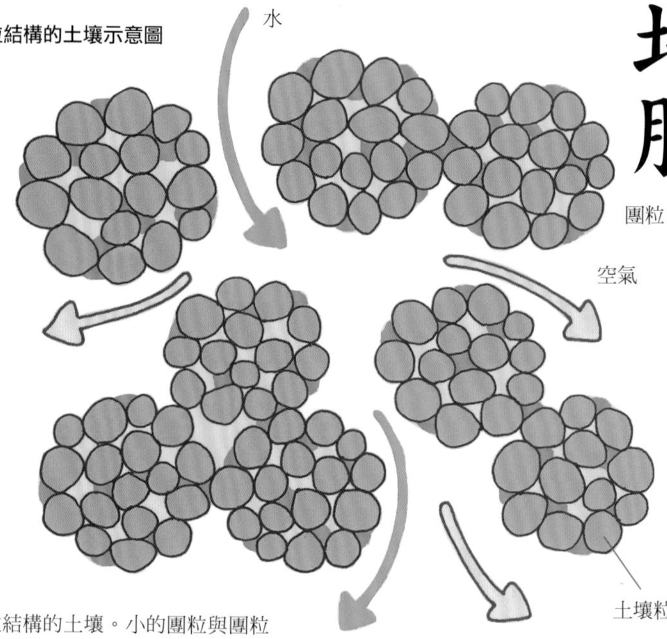

水

團粒

空氣

土壤粒子

團粒結構的土壤。小的團粒與團粒之間形成空隙，有利於透氣性與澆水。在每一團粒內可保持水分，植物因而可保持適度的水分。

佐倉式 土壤培肥的方法

1個月前 **經營有機栽培時間不久的菜園可投入有機石灰。已經營數年並進行過土壤培肥的菜園則不需要。**

▼

2週前 **投入堆肥、伯卡西肥料等**

▼

播種、定植

堆肥及肥料等有機物需經微生物分解後才會被蔬菜吸收，因此，相較於使用化肥，有機栽培需早點完成土壤培肥，這是重點所在。土壤培肥一完成就立刻定植或播種的話，因有機物在分解的過程會產生熱量及有毒氣體，或產生小蟲，因而會有發芽障礙及傷到根部的情形。最遲要在播種或定植的2週前完成。

土壤培肥的重點

Point 1 不一定要使用石灰

一般石灰係為調整土壤的酸鹼值而撒布。大部分的蔬菜種在pH6.0～6.5的弱酸性土壤中可成長良好，但在多雨的日本，每遇到下雨，石灰（鈣質）就會流失，造成土壤容易有酸性的傾向。

不過，在佐倉式栽培上，石灰的撒布完全是為了補充土壤的礦物質成分。這是考慮到土壤的pH會因土地及環境而有不同，是理所當然的事，儘量不要擾亂棲息在土壤中的微生物生態系。開始進行有機栽培時日尚短的菜園可在定植前1個月撒布石灰，但使用堆肥（pH約為中性）進行蔬菜栽培已有數年的菜園則不需撒布。

※pH的數值7.0為中性，較7.0還小的數值為酸性，較7.0還大的數值則為鹼性。

勿施加過量的肥料

蔬菜並非施加大量的肥料就會長得漂亮。肥料成分中，需大量且最重要的元素之一為氮素。作物若大量吸收氮素的話，葉子的顏色會變濃，且成長迅速，但因具備有多少氮素就會吸收多少的性質，因而容易陷入氮素過多的狀態。

氮素過多的狀態下，就會抑制繁殖的成長，如番茄等的果菜類，果實的收穫量會減少。此外，所吸收的氮素超越植物處理能力時，氮素就會以胺基酸及硝酸態氮的狀態停留在植物體內，這種氨基酸會使病害蟲聚集而來，因而遭受損害。此外，硝酸態氮若累積過多的話，會使蔬菜的味道變差，甚至會影響人體健康。請注意施加適量的肥料即可。

Point 3

勿深入耕耘

師法森林土壤的佐倉式，在土壤培肥上儘量避免破壞土壤微生物的棲息場所，不深耕土壤乃是基本的作法。不過，必須補充肥料成分的菜園，為使土壤與肥料成分相混合，僅稍微耕耘土壤表面即可。佐倉式的施肥量係以施肥至15cm深處的土壤為前提，計算其使用量，因此，耕耘的深度以15cm為大致目標即可。

耕耘之後作畦

為播種蔬菜的種子，或種植種苗，需將土壤砌高成蔬菜的床，稱為「畦床」。將土壤砌高有利於排水，且具有可使走道與栽培空間的區別清楚等優點。一般畦床將土壤砌高約10cm，排水不良的場所則再高些，而水分容易流失的場所則低些。

何謂「畦」？

蔬菜的床稱為畦床，與走道合在一起的空間稱為「畦」。一般考慮到日照，將畦做成南北向，但在傾斜地區則沿著等高線做成如梯田時，斜面上方的土地之土壤及肥料成分需避免因雨水等而流失。但傾斜面若太陡時，若未採取排水措施，表土將會流失掉。

畦床與走道寬度需依所種植蔬菜的株高及植株的擴展空間而有所不同，這點很重要。畦床寬度需考慮作業的方便性，從兩側至中央，以手能伸到範圍的70～90cm為最大寬度。道路的寬度則需考慮行走及作業的寬度，最低也需30～50cm。

將植株會大幅擴展的番茄與茄子相鄰種植時，若考慮日照及管理作業的方便性時，走道寬度以120cm為宜。反之，菠菜與小松菜等植株不大會伸展的蔬菜相鄰種植的話，走道的寬度則以30～50cm即可。此外，高麗菜等種成1行時，畦床寬度為40cm，走道寬度30cm即可。

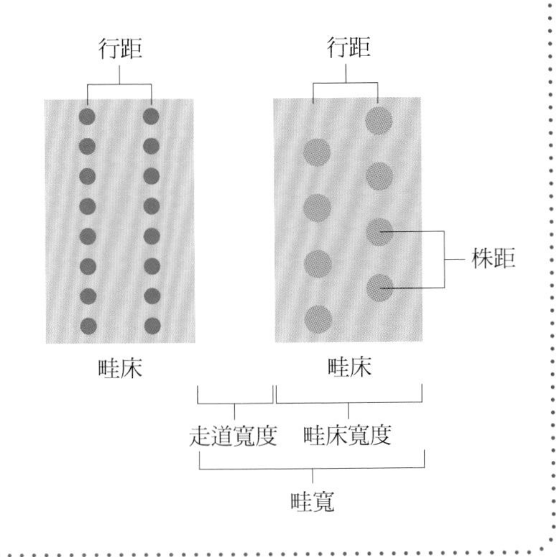

【1個月前】
撒布有機石灰

❶ 於播種或定植的1個月前測量栽培面積。開始進行有機栽培不久的菜園，可全部遍撒有機石灰100g/㎡。豆科蔬菜不需施加堆肥及基肥，也不需土壤培肥就可種植。

▼

❷ 為使石灰與土壤充分混合，耕鋤至15cm深。在這狀態下靜置2週，使充分融合在一起。

使用的資材與數量之標準

資材全部以耕至15cm深處為前提計算使用量。若比15cm還淺，或反之更深的情形時，請視耕作的深度斟酌用量。

有機質資材依製品成分含量會有差異，因此，請依含量斟酌使用量。此處使用的資材含量與用量（以基肥施肥的量）如下。

●有機石灰…使用鹼性成分40～50％的牡蠣殼時的大致標準。
●伯卡西肥料…果菜類、根莖類使用NPK＝6－7－3.5左右，葉菜類使用NPK＝8－4.5－3左右製品時的大致標準。
●微生物資材…使用NPK＝2－6－3，pH8.0左右，含有高溫性、好氣性微生物、已發酵完畢的資材時的大致標準。
●苦楝油渣…使用NPK＝5－0.5－1.5左右，其有效成分的印楝素含有量3000mg/kg的製品時的大致標準。

●果菜類
[1個月前] 有機石灰：100g/㎡
[2週前] 堆肥：1.5ℓ/㎡；伯卡西肥料：100～150g/㎡；微生物資材：100～150g/㎡；苦楝油渣：100～150g/㎡（小黃瓜、草莓等）。

●根莖類
[2週前] 堆肥：1ℓ/㎡、伯卡西肥料：100～150g/㎡（球根類）、微生物資材：150g/㎡（白蘿蔔、紅蘿蔔）。

●葉菜類
[1個月前] 有機石灰：100g/㎡
[2週前] 堆肥：1.5ℓ/㎡、伯卡西肥料：80g/㎡、微生物資材：100～250g/㎡。

●豆科蔬菜
[2週前] 堆肥：1.5ℓ/㎡、伯卡西肥料：50g/㎡、微生物資材：50g/㎡。

※但豌豆及落花生等為控制初期的氮素肥料，並不使用伯卡西肥料，而是施以堆肥與微生物資材100g/㎡。種植蔬菜已有好幾年的菜園，若種植四季豆、三尺青皮、蠶豆及落花生時僅施加堆肥即可。其他的豆科蔬菜則堆肥及基肥均不需施加。不需土壤培肥就可種植。

種植芋頭的實例。每間隔40cm放置種芋，在其中間各放置30g的伯卡西肥料。覆蓋土壤後將土壤堆高。

可調整施肥量的「置肥」

種下種芋或馬鈴薯後，利用「置肥」來栽培這種蔬菜是個很有效的方法。挖溝後放入種芋等，在每個芋頭與芋頭之間放置伯卡西肥料30g。對於施加基肥不多的菜園及沒時間進行土壤培肥時，建議使用這種方法。

製作筆直的畦床

在畦床的表面鋪設塑料覆蓋物栽培時，為避免覆蓋物被風吹掀起，於製作筆直的畦床後，將覆蓋物鋪設固定很重要。拉起繩子輔助引導可順利完成。

園藝的繩子或麻繩。

可鋪設繩子的隧道式用支柱，能隨意彎曲。

❶ 測量畦床的場地，在四個角落豎立隧道式用支柱後繞上繩子。在靠近畦床外側，將隧道式用支柱呈拱狀豎立，就可拉緊繩子。

▼

❷ 用鋤頭將繩子外側的土壤掘起，往繩子內側堆高。由於是沿著繩子掘土，就可做成筆直的畦床。

❸ 用鋤頭等將土壤表面整平，並將周圍的土壤鋤起往內側堆高，做成畦床。

▼

❹ 用鋤頭等再次整平畦床表面，並用鋤頭的背面壓實畦床的表面。如此放置2週，使肥分與土壤融合在一起。

【2週前】 散布堆肥與肥料（全面施肥）

❶ 在播種或定植的2週前，將堆肥1.5ℓ/㎡與伯卡西肥料與伯卡西肥料等有機質肥料遍撒在全部耕地中。

▼

❷ 用鋤頭鋤約15cm深，使土壤與肥料充分混合。

▼

節省土壤培肥時間的「溝施肥」

在畦床場地中央挖一條深約15cm的淺溝，撒入堆肥及伯卡西肥料的一種方法。

堆肥及伯卡西肥料的的上方覆蓋5～6cm的土壤，將土壤埋回，定植種薯等後覆土，並將土壤堆高。如此可節省以堆肥及肥料土壤培肥的時間（以馬鈴薯為例）。

挖一條深約15cm的淺溝，撒入堆肥及肥料。之後，將土壤埋回5～6cm後定植種薯。

趁著暑熱時期進行土壤的太陽熱消毒

需花上30～40天的時間消毒，使土壤的狀態變得格外良好

於7～8月間趁著炎熱的夏天進行土壤的太陽熱消毒作業。用厚的透明聚酯薄膜將整個畦床覆蓋住，放置20日～1個月，可使有害細菌、害蟲及雜草的種子等滅絕的一種方法。由於內部溫度達60℃以上的高溫，有益的細菌及微生物也會死光，但可投入在高溫下也可活動的微生物資材，加以補充。

整個作業期間需30～40日，但畦床整建後進行作業，至消毒作業完成就可直接播種或定植。雖然較花時間與費力，但可使作物生長健壯。

差很大！生長中的二條大麥。照片右半側係以一般方式進行土壤培肥後進行播種的大麥。左側是土壤進行太陽熱消毒後再播種的大麥，可知生長狀態有很明顯的差異。

需準備的資材　米糠、伯卡西肥料、微生物資材、100％有機液體肥料、塑膠布（透明且厚度0.05㎜以上）、壓住塑膠布的支柱或磚塊等。

❶ 測量栽培場地，整塊地遍撒米糠300g/㎡、伯卡西肥料150g/㎡、微生物資材300g/㎡。

❷ 全部用鋤頭仔細翻耕。有殘渣或根等殘留時可一起翻入。

❸ 消毒後，立即開始栽培，做成畦床後，用耙子等將表面整平。

❹ 將有機液體肥料依規定倍率稀釋後遍撒在全部園地上。接著澆水，使土壤的溼度保持在70％左右。大致的標準是，將土壤握在手上時形狀不會潰散的程度。

❺ 用塑膠布將整塊地覆蓋住。為使土壤表層溫度提高到40℃以上，且氧氣不易穿過，必須使用厚且透明的塑膠布。在上面若再架設覆蓋塑膠布的隧道式覆蓋，效果會更好。

❻ 為避免塑膠布被風吹走，可用整捆的支柱、磚頭或水泥塊等壓住塑膠布的邊緣並固定。由於畦床的四周都加以固定，需避免將未消毒的土壤放置在上面。就保持這種狀態放置20天～1個月。

❼ 連續的晴天持續1週左右後，或放置15～20天後，將塑膠布取下。

❽ 土壤表面有時會長有白色的黴菌，這是有用的微生物，請勿介意，沒問題的。就這樣再放置7～10日後，讓內部的熱量冷卻，氧氣充分供給土壤後就可開始種植。

基本的
栽培管理作業

播種

依蔬菜種類而有各種不同的播種方法

播種的方法有：①在畦床上挖播溝，以條狀播種的「條播」；②以一定的間距挖植穴，每穴各播數粒種子的「點播」；③將種子均勻地撒布在畦床上的「撒播」。撒播的收穫量雖然較多，但反之則需進行間拔等耗費工夫的管理作業，有其缺點。因此，佐倉式依蔬菜的種類進行條播或點播種植。

畦床的使用方式有所謂「橫切式平行淺溝」，做成對畦床呈直角的播溝方法。這種方式可種植少量多樣的蔬菜，以條播種植時非常方便。

購買種子時請檢查包裝袋

種子包裝袋上載有該品種的特徵及播種時的重要資訊，請確認以下資訊後再行購買。①品種的特徵②依地區的播種方式與收穫時期③發芽、生長適合溫度④播種的重點⑤栽培的重點與收穫方法⑥種子的保管方法⑦種子的有效期限⑧發芽率⑨農藥處理的有無。

【播種前】

將土壤壓實整平

播種前，將畦床的表面整平，並用鋤頭的背面壓實。除了使種子容易發芽外，也可使發芽整齊劃一。

種子預先泡水

將牛蒡（照片）、落花生、空心菜等外皮較硬的種子用水浸泡一個晚上後播種比較容易發芽。

【各式各樣的種子】

經加工過的種子

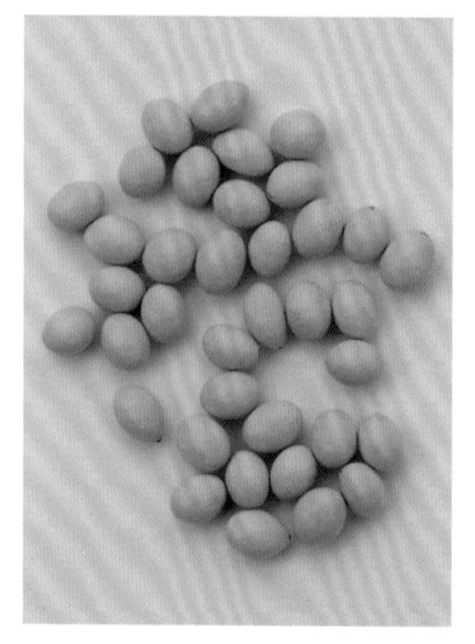

種子中也有經過特殊加工過的種子。照片中的種子係為提高吸水力，使容易發芽，用粉狀的混合物裹在種子上，容易播種，以這種加工製成的種子稱為「丸粒化種子」。其他尚有將硬皮去除，使容易發芽的「裸種子（naked seeds）」；為不易受到病蟲害，有披衣的膜衣種子(film coated seeds)等。用這些種子所種成的蔬菜，用來食用在安全上也完全沒問題。

彩色的種子

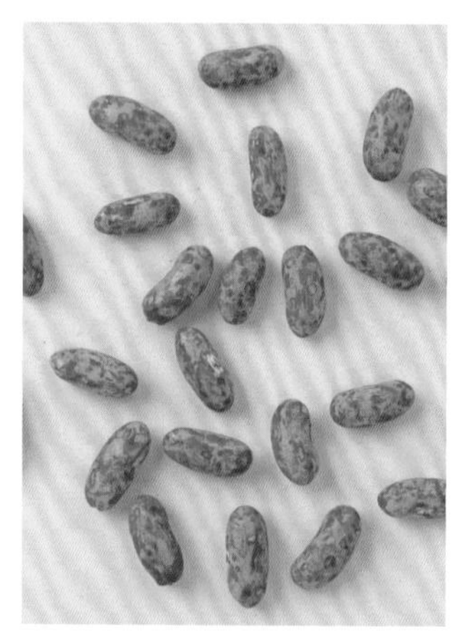

塗上色彩的種子。這是為辨識品種及標示業經農藥處理過。有的種子長有黴菌的孢子或病毒等，這是造成染病的原因。為保護幼苗，避免受到病害，需依品種使用農藥進行殺菌處理，這些均記載於種子包裝袋背面。用這些種子種成的蔬菜，用來食用在安全上也完全沒問題。

播種在覆蓋物（mulch）的洞穴時

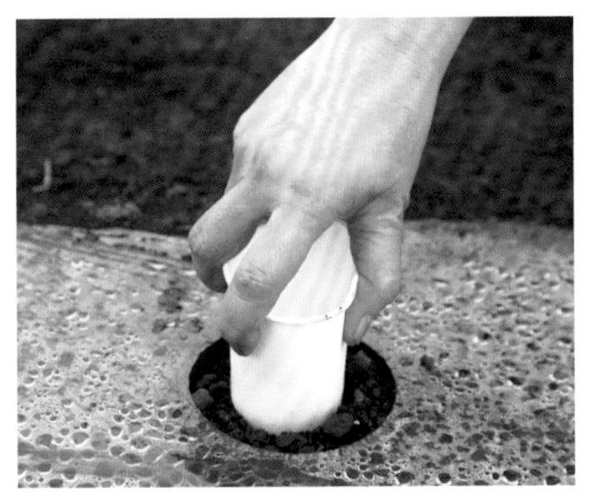

❶ 用瓶子或杯子的底部按壓覆蓋物的洞穴，做成深1cm、直徑5～6cm的播穴。

▼

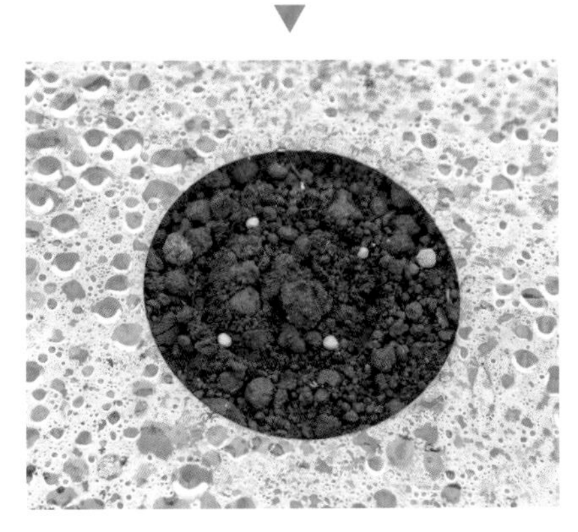

❷ 在每個穴中以等間距各播入數粒種子。

點播

播種大粒的種子時

測量株距與行距後，用瓶子或杯子的底部按壓土壤，做成深1cm、直徑5～6cm的播穴。在每個穴中以等間距各播入數粒種子。

播種小粒的種子時

先測量行距後，用木板等輕輕地做成條狀播溝。其次，邊測量株距，邊用寶特瓶的蓋子等按壓土壤，做成深1cm、直徑2～3cm的播穴。在每個穴中以等間距各播入數粒種子。

條播

❶ 將土壤的表面整平壓實後，用木板挖成深度及寬度均1cm的播溝。由於深度一致，發芽容易整齊劃一（照片為橫切式平行淺溝實例）。

▼

❷ 將種子1粒粒地放置在溝中。像捏指尖一般捏著種子。

▼

❸ 播種小粒的種子時，使用播種用資材（參閱134頁），將每1粒種子小心撥下。

【播種後必須覆土、壓實、澆水】

❶ 播種後必須用土壤覆蓋（覆土），用手掌用力按壓（壓實）。「用力按壓」被形容為與澆1次水的重要性不相上下。

◀

❷ 覆土與壓實完畢後，充分澆水。種子在澆過一次水後就停止澆水，種子必死無疑。為使種子適當發芽，請充分澆水，甚至澆到以為過多的程度也無妨。

※白蘿蔔在播種後不需澆水。覆土後只需輕輕壓實就可以（栽培方法請參閱90～91頁）。

定植

種植健康的種苗，收穫量增加可期

在蔬菜的栽培上，誠如諺語所說「壯苗七分收」（苗育得好，就有七分收成了），苗的健康與否攸關收穫量的好壞頗大。因此，需要學習如何洞悉健康種苗的重點與正確的定植方式。為避免傷害種苗，建議定植時避開強烈的陽光及颳風的日子。

種苗分為種在塑膠花盆的種苗，與從園裡挖掘起來的種苗。芋頭類定植種芋，大蒜及紅蔥頭則定植稱為「種球」的球根。

健康種苗的共通條件

1 葉子厚，色澤濃郁，長在底下的葉子不會枯乾。
2. 未被病蟲害損傷。
3. 葉子與葉子之間簇擁健壯。
4. 花盆種苗從底部的穴孔可看到白色的根伸展著。
5. 花盆種苗的雙子葉均存在著。

【定植種苗之前】

❶ 預先將種苗泡水，使吸飽水分，可防止定植後若沒澆水根部仍可活得很好。在桶子中放入深約10cm的水，將盆苗浸入水中，使種苗從底部的穴孔吸水。

▼

❷ 若已充分吸水，水會從花盆的邊緣流出。需浸泡數分鐘。

【也有以這種蔥苗定植】

挖掘苗

長蔥或洋蔥方面，從菜園挖掘起來的種苗大多以整束的狀態販賣，稱之為「挖掘苗」。請選購葉色濃郁、生長勢旺盛的種苗。

種球

種植大蒜及紅蔥頭等時，以稱為種球的球根進行培植。其他如馬鈴薯與芋頭以種薯或種芋，生薑則以種薑進行栽培。

【建議使用嫁接苗】

種植番茄與茄子等的茄科蔬菜，或小黃瓜及西瓜等的瓜科蔬菜時，建議使用嫁接苗。所謂的嫁接苗就是在抗病害蟲能力強的野生種砧木上，接合想要栽培的品種培育而成的種苗。價格稍微貴一些，但具有抗病害蟲能力、低溫下也容易培植等優點。照片為西瓜的嫁接苗，砧木與栽培品種有2組4片子葉的雙子葉為其特徵。

在覆蓋物上挖洞定植

❶ 在有洞穴型的覆蓋物上，用移植鏝挖掘植穴。

❷ 將灑水壺的蓮蓬頭卸下，用手半掩著澆水口，將水注入植穴，等水完全被土壤吸飽後植苗。

【定植後務必澆水】

澆水時應避免直接澆到葉面上，將灑水壺的蓮蓬頭拆下，用一隻手半掩著澆水口，邊調節水的衝擊力道，邊充分灑到種苗根部上。根部為尋找水分就會伸展，因此水可灑在離根部稍遠處，根就會努力伸展。定植後一週內需勤加澆水，使根部具有活力。

定植於溝中

❶ 定植種芋或種薑時，建議使用這種種法。用鋤頭在畦床中央挖掘一條寬約10cm、深約10～15cm的溝。馬鈴薯需再深些，生薑再淺些，芋頭則取其中間，依蔬菜的種類調整深度。

❷ 一面測量株距，一面將種芋植入溝中。照片為正在定植種薑的情形。

❸ 從上方覆土，整平後作畦。

植苗

❶ 測量株距與行距，用移植鏝挖植穴。植穴比栽培用花盆大上一圈即可。

❷ 將灑水壺的蓮蓬頭拆下，用一隻手半掩著澆水口，將水充分注入植穴。

❸ 等水完全被土壤吸飽後，將種苗從花盆取出放入植穴內。將周圍的土壤培在植株根部，使與土球密合，並用手輕輕壓實。

鋪上覆蓋物

用聚酯薄膜覆蓋全部畦床

用稻草或聚酯薄膜覆蓋土壤表面進行蔬菜的栽培，稱為覆蓋栽培法（mulching）。本文介紹的聚酯薄膜，其顏色依使用目的而異，但不論什麼顏色均具有以下各種效果：防止土壤乾燥；防止下雨時泥土四濺，可減少發生病害；雨水未直接淋到土壤上，可防止肥分流失等。

鋪上覆蓋物的畦床表面若凹凸不平，容易被風颳走，且易積水，導致發生病蟲害。務必儘量拉緊鋪平，這點相當重要。

聚酯薄膜覆蓋的主要效果

1. 春天時可提高土壤溫度（透明）。
2. 夏天時可防止土壤溫度上升（銀色、黑色）
3. 保持土壤水分，防止乾燥。
4. 防止雨水從上方流入，抑制土壤過濕。
5. 防止因雨導致土壤及水分的流失。
6. 防止雜草叢生（黑色、銀色）
7. 防止泥水四濺，抑制疾病的發生。

鋪上覆蓋物

❶ 在畦面上慢慢展開覆蓋物。

❷ 在畦面短邊之覆蓋物邊緣，用固定器材固定住。

❸ 用腳踩覆蓋物邊拉開，邊用鋤頭鋤土覆蓋在邊緣上。

❹ 拉開覆蓋物並擴展開來。

方便使用的覆蓋物固定器材

為將覆蓋物的邊緣固定在土壤上，避免被風颳走所使用的器具。市面上亦有販賣這種覆蓋物固定器材，其產品有金屬製，如右邊照片，也有塑膠製的。覆蓋物若被風吹走對周圍鄰田會造成困擾。在風大的場所請務必使用。

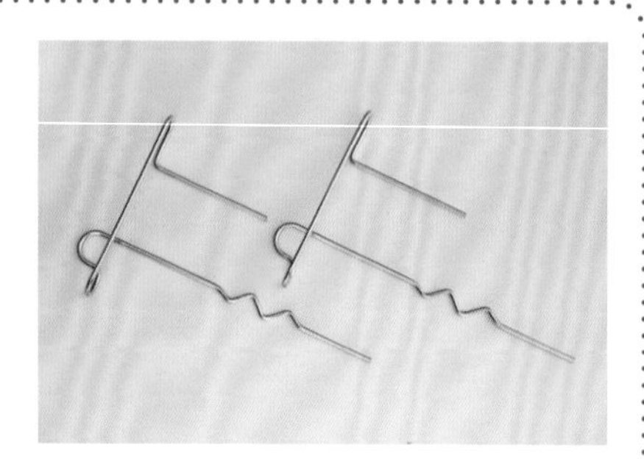

選擇覆蓋物的重點

聚酯薄膜覆蓋物的種類有薄膜型、捲筒型、無洞型、有洞型等，顏色有透明、黑色、銀色、含有銀線條紋等各種顏色。有洞型的覆蓋物之開洞間距也有許多種類，可依所種植的蔬菜之株距選擇覆蓋物。顏色則依目的選擇。以佐倉式栽培，於4月種植番茄及小黃瓜等夏季蔬菜時，使用土壤溫度上升效果高的透明覆蓋物；日本5月黃金週長假結束後定植時，使用雜草防止效果高的黑色覆蓋物。

自己挖洞穴

使用無洞型覆蓋物時，自己必須切開挖洞。用刀子在打×處切入，不會產生薄膜碎片垃圾，就可挖開洞口。

❶ 測量株距與行距後，用手指等在覆蓋物的表面上做記號，再用刀子劃上打叉記號×後切入。每邊切開15～20cm。

❷ 切入的情形。

❸ 用手將切開部分向內側摺入，變成四角形的洞口。

❹ 這樣植穴就完成了。再用移植鏝挖開深約10cm的植穴後就可植苗。

❺ 在畦床的兩邊邊緣用覆蓋物固定器材加以固定。

❻ 在每一側邊也用鋤頭鋤土覆蓋。

❼ 將覆蓋物拉開鋪滿整個畦床。

❽ 覆蓋物比畦床還長約30cm處用剪刀剪斷。邊緣用固定器固定後覆土。

❾ 所有的側邊均覆土，並用腳踩土確實固定。

❿ 覆蓋物鋪設完成。一點點地慢慢拉開後固定，一個人作業也可拉緊鋪平。

植生覆蓋物

在畦床的外側播種，成爲蔓生蔬菜的綠肥覆蓋物。

以活的植物做為覆蓋物加以利用的技術稱為植生覆蓋物（living mulch）。在畦床的外側撒上麥的種子，用麥草覆蓋地表，可防止土壤裸露。特別是南瓜等蔓生類匍匐於地面生長的蔬菜，建議採用這種方式。南瓜藤蔓會捲住麥子，在土壤表面上穩定爬行，有助於生長發育。撒麥子的寬度為2～3m，南瓜藤蔓可在上面邊匍匐邊生長。為避免與栽培的蔬菜互相爭奪養分，種植麥子的場地也應進行土壤培肥。

將秋播用的麥種在春天撒播，不會長穗就枯萎了，形成麥稈狀覆蓋在地面。將枯萎的麥稈翻入土壤也可成為肥分。

覆蓋物用的麥種。在春天撒上秋播用的品種，利用這種不會長穗就枯萎的性質。覆蓋用麥種建議使用較早枯萎的大麥種子。

撒播種子

❶ 在南瓜或西瓜種植後的2～3日內撒播麥種，以避免在麥子生長初期時抵擋不住雜草。可用撒播的方式，但建議用容易覆土的條播方式。以行距35～40cm、寬10cm、深1cm的寬度做成條播溝。以2cm正方1粒的比例播入麥種。邊用腳踩踏播過種的地方邊往前播種。

❷ 播種完畢後用耙子整體進行覆土，並充分澆水。

❸ 剛播種並澆完水的情形。這時，在西瓜的左鄰播下了麥種。

中耕

用三角鋤頭等在行距間進行中耕鬆土，1個月1次左右。

除草

在麥子還小時抵擋不住雜草，宜注意需勤加除草。

植生覆蓋物的效果

抑制雜草與防止土壤流失

在畦床外側的麥子長得很茂密，已看不見地表，具有防止雜草叢生及土壤流失的效果。

避免鳥食

生長在麥子中的小玉西瓜。果實隱蔽在麥子中，具有避免被鳥類啄食損害的效果。反之，也要避免沒看到而漏摘果實。

鋪設稻草

利用自然素材的覆蓋物栽培法之一

亦稱為「稻草覆蓋物」的方法，自古以來就流傳迄今的覆蓋物栽培法之一。將稻草鋪在土壤上面，具有防止土壤乾燥、防除雜草、防止雨水引起的泥水四濺及肥分流失等效果。栽培結束後可將稻草翻入土中變成肥分。

稻草

在園藝商店、家居用品商店或網路均可購買得到。可能的話，選購沒使用農藥種植而成的稻草。

切段的稻草

切成一段長約30cm的稻草。建議使用於栽培株數較少的時候。

鋪在覆蓋物的上面

將稻草鋪設在全部的畦床上，可防止土壤乾燥、雜草叢生及肥分的流失等。由於伸展的藤蔓不會直接碰到土壤，因而亦可預防疾病。

鋪設在畦床上

將切段的稻草鋪在透明覆蓋物的上面。鋪設透明覆蓋物進行栽培時，因夏天溫度太高，為降低土壤溫度，因而從上面鋪設切段稻草。

直接覆蓋

將覆蓋資材直接覆蓋在畦床上

將不織布等的覆蓋資材直接覆蓋在畦床上的一種覆蓋栽培法。具有防止土壤乾燥、防寒、防霜及防治害蟲等效果。除了植株不高的菠菜等葉菜類外，如豆類等播下的種子亦可防止被鳥吃掉。

植株低的葉菜類不可一直覆蓋到最後階段，需儘早撤除。若有防寒必要時，可架設浮動式或隧道式覆蓋（參閱36頁）。豆類方面，為避免妨礙成長，發芽後就需撤除。

佐倉式建議使用不織布做為覆蓋用的資材。有各種素材與顏色，以聚丙烯製、光線穿透率約90%的製品為佳。

❶ 將全部畦床覆上不織布。

❷ 將全部邊緣用固定器固定在土壤中，再將土壤覆蓋在上面牢牢固定。

❸ 直接覆蓋上不織布完成的情形。

浮動式覆蓋

可防蟲害、防寒、防霜

以隧道式用支柱所製成的骨架，在上面安裝覆蓋資材的一種方法。為介於「在畦床上直接覆蓋資材的直接覆蓋」，與「隧道式覆蓋（參閱左下方塊欄）」的中間型覆蓋法，距離畦面稍微浮起的高度，此為佐倉式栽培法的主流。

具有防蟲害、防寒、防霜及防風等效果。以防止害蟲為目的時，特別是在覆蓋物邊緣上面須確實用覆土壓住，避免邊緣有空隙，這點很重要，請務必注意。為使植株經過充分日照，最遲必須在開始收穫的2～3週前將資材撤除。

佐倉式栽培大多使用不織布。與直接覆蓋法一樣，以白色的聚丙烯製、光線穿透率約90%的製品為佳。

架設骨架

❶ 將可任意彎曲的隧道式用支架的一端插入畦床的一角，再將支架斜斜經過畦面上方插入畦床另一端邊緣。

▼

❷ 為加以補強，以相同方式，在畦床兩端以50～60cm間隔架設骨架。

蓋上覆蓋資材

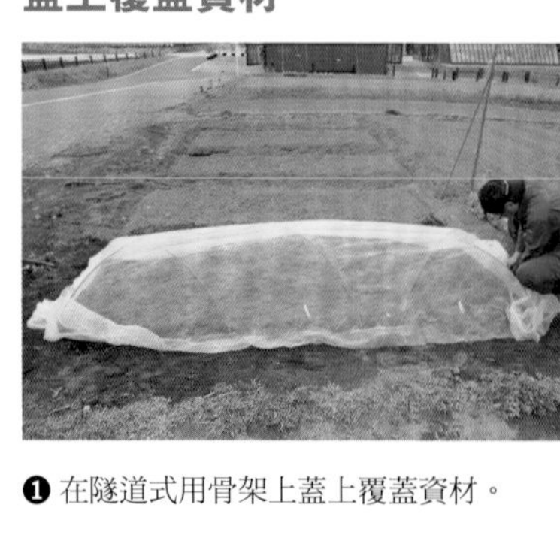

❶ 在隧道式用骨架上蓋上覆蓋資材。

▼

❷ 用固定器材四處固定於土壤中。

▼

❸ 資材覆蓋完成的情形。

❹ 用鋤頭將土覆在邊緣上，最後用腳踩踏，紮實固定。

栽培植株較高的蔬菜時，建議使用「隧道式覆蓋法」

使用可任意彎曲的隧道式用支架，在畦面上方架設成半圓形的拱狀，再覆上覆蓋資材的一種方法。其效果和浮動式覆蓋法相同，但這種覆蓋法高度較高，較適合於栽培植株較高的蔬菜。和浮動式覆蓋法相同，需在開始收穫的2～3週前將資材撤除，使植株有充分的日照。

架設支架栽培

可防止植株傾倒、節省空間

對於番茄及小黃瓜等所結果實太重時會伏倒的果菜類，栽培時需架設支架支撐植株。利用支架或園藝用網進行栽培蔬菜的方法，稱為「支架栽培」（參閱38～39頁）。與莖葉在地面爬行的匍匐式栽培相較，支架栽培係讓莖葉往上生長，因此，在狹窄的空間也可栽培，可節省空間。適當地進行引導（參閱40頁）及切除側枝等的整枝修剪（參閱44～47頁），可使日照與通風良好，亦可預防病害蟲的發生。

支架的架設方法有各式各樣，建議依所欲栽培的株數及所欲栽培的蔬菜會如何成長等再決定使用何種支架。

架設支架的優點

1. 可防止因風吹雨打而倒伏。
2. 節省空間。
3. 日照及通風良好，可預防病蟲害。

暫時性支柱

植苗後立即搭設的暫時性支柱。相較於從一開始就要搭設長的支柱栽培來，這種趁種苗還小的時候搭設支柱，具有比較容易作業的優點。使用長70～80cm的細短支柱。

支架的規格與選擇方式

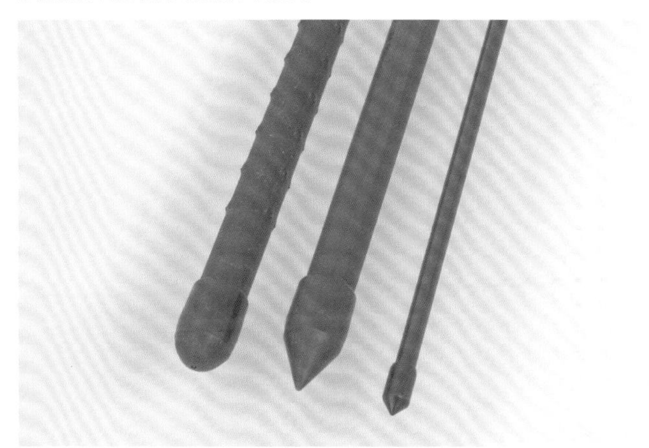

不鏽鋼支架有各種長短與粗細不一的製品。長度有120、150、180、210、240cm；粗細則有8、11、16、20mm等規格，請考慮成長後的株高及果實的重量後再決定選購的規格。例如，番茄及小黃瓜等的株高達2m，而且會結很多果實，因此，宜選購長200cm以上、粗16mm以上的支架。另一方面，株高不高的蠶豆等，則選購長120cm、粗10mm的支架即可。

方便使用的支架資材

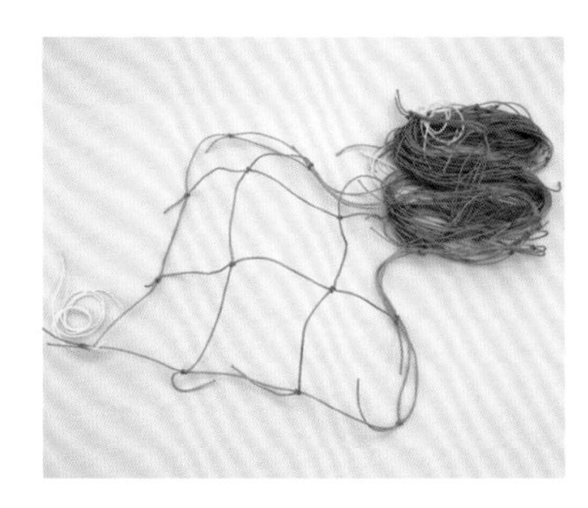

園藝用網

以支架栽培小黃瓜這種蔓生植物時，可用這種網子讓藤蔓攀爬。網目的大小及形狀有各式各樣，比起使用菱形的網目來，新手以使用10～24cm的方形網目較容易使用。

支架金屬配件

一般係使用麻繩繫緊固定，但使用這種金屬配件可牢牢地固定住。收成後的整理也很輕鬆。請配合支架的粗細選購金屬配件。對於支架的固定非常方便。

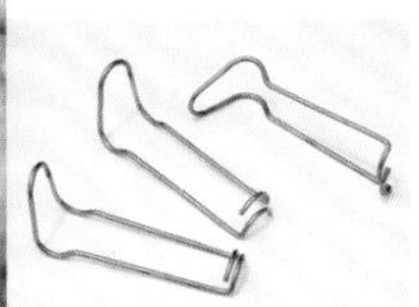

支架栽培各式各樣的支架樣式

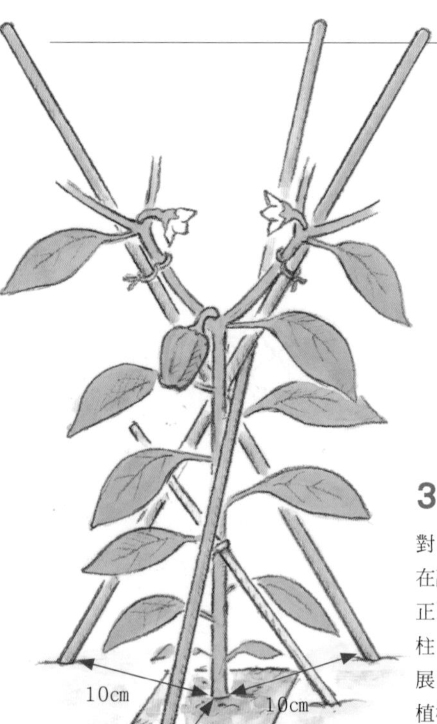

3柱式

對1株植株架設3根支柱的方法。在離植株約10cm處為頂點，形成正三角形。在頂點的位置豎立支柱，3根支柱平衡地捆綁著（3根展開呈120度最為理想）。適合植株不高的青椒及辣椒。

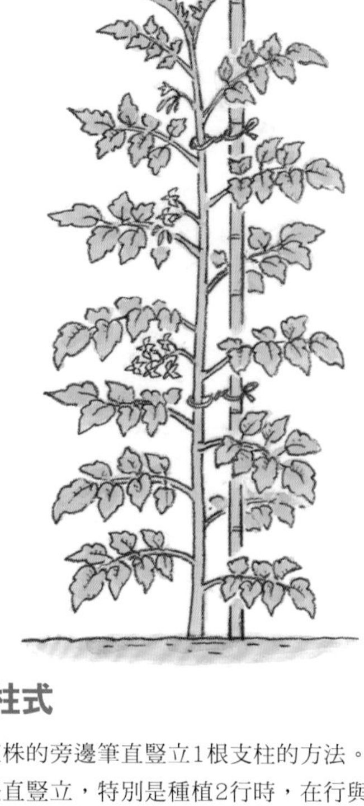

單柱式

在植株的旁邊筆直豎立1根支柱的方法。由於係垂直豎立，特別是種植2行時，在行與行之間會形成空間，行間的日照與通風會變良好。株數多時，可搭橫支架補強，風雨來時不易倒伏。

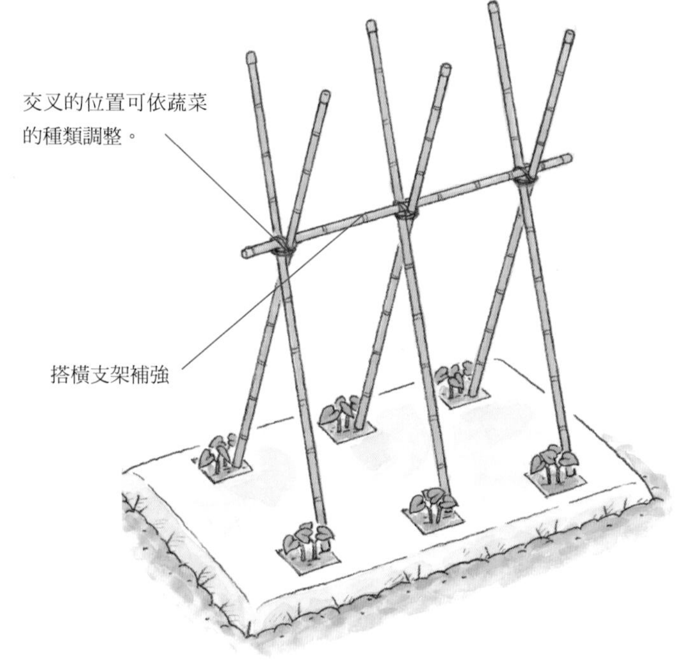

合掌式（雙柱式）

將2根支柱在上方斜斜交叉豎立的方法。為避免支柱被風吹倒，在交叉處可搭橫支架固定補強。種植四季豆及豌豆等蔓生的豆科蔬菜，則如圖示在距地面120cm之處使支柱交叉。番茄等植株會變高的蔬菜則在距地面180cm之處使支柱交叉，可取得較高的高度。

4柱式

對1株植株架設4根支柱的方法。如圖示，在距離植株15～18cm處各豎立2根交叉的支柱。以此圖示的茄子來看，首先，若欲使植株長成3枝幹，就做成「3幹整枝」（參閱44頁），豎立4根柱，就可毫不勉強地引導被吸引過來的枝幹。對於結很多果實的蔬菜也可用此方式牢固地支撐植株，但對於以單柱或雙柱式栽培的果菜類則不適合。

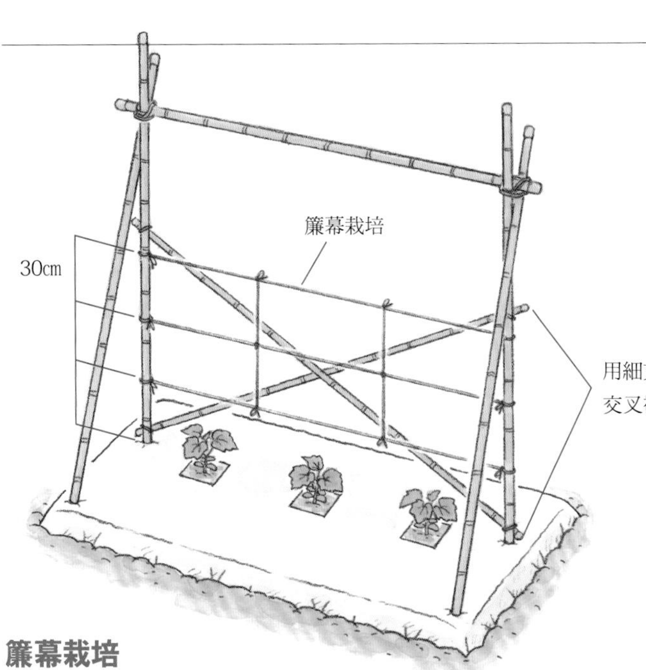

簾幕栽培
架設繩子的情形

小黃瓜等蔓生蔬菜的栽培時，在縱橫方向架設繩子讓藤蔓攀爬的栽培法。收穫完畢後，架設園藝用網若要再使用時，藤蔓的整理非常麻煩，但若用繩子，可與摘除下來的蔓藤一起處理掉。與架設網子一樣，若被風吹搖動，植株也會受傷，因此，不僅橫向，縱向也要綁上繩子補強。

將2根支柱斜斜交叉，可防止網子搖動。

斜斜豎立支柱補強，可避免被風吹倒下。

架設園藝用網的情形

小黃瓜等蔓生蔬菜栽培時，讓藤蔓在園藝用網攀爬的栽培法。在縱橫方向均架設支柱後鋪上網子。網子若被風吹搖動，植株也會被搖動受傷，因此，將支柱斜斜豎立並固定。網子也用繩子牢牢繫在支柱上固定。網目有10～24cm，小黃瓜及苦瓜以18cm網目較容易使用。

用麻繩等固定。

金字塔式

對每株植株各豎立1根支柱，將3根支柱在上面綁在一起加以固定的方法。適合於少量栽培時因結果實而會變重的蔬菜，如番茄及小黃瓜等。將3根支柱在上面綁在一起，不易被風吹倒，但必須互相錯開種植。

麻繩

燈籠式栽培法

像要圍繞畦床一般，以40～50cm間隔豎立支柱，再以繩子圍繞的方法。並非每一植株都可依附支柱，但若要防止植株伏倒或伸展開來會阻礙走道時，建議使用這種栽培法。繩子可依植株長高而往上增加圍繞。

架設10～24cm網目的園藝用網

使用5根橫支架補強

拱門式

豎立拱門狀支柱，左右上下各以2根橫支架連接，做成腳架。上面中央也架設橫支架連接，增加穩定性。適合大量種植小黃瓜等藤蔓蔬菜的一種方法。鋪上園藝用網覆蓋著拱門，讓蔓藤攀爬。在畦床的中央形成空間，可確保行距的日照及通風。

引導

每週巡視一次 確保日照及通風

豎立支柱，進行支架栽培（參閱38～39頁）時，將莖及藤蔓用繩子固定在支柱或園藝用網，稱之為引導。除了可防止作物因風雨而伏倒，亦具有調整成長方向的效果。葉子若未交疊，則日照與通風均可良好，亦可預防病害蟲。

匍匐栽培進行引導時，以調整藤蔓的方向為目的。

由於莖葉生長茂密，需每週作業1次，以確保日照及通風。

番茄尤需細心頻繁引導！

番茄的特性為成長時，位於植株中最上面的芽會優先成長。若未經常引導，不想看到的芽如側枝等就會長到最上端。為避免發生這種情形，請勤加進行引導。

匍匐栽培

❶ 在想要讓植物匍匐前進的方向上，用長40～50cm的竹棍2根斜交叉豎立著。

▼

❷ 將要調整成長方向的藤蔓放在竹棍上。

▼

❸ 照片為生長中的南瓜。適當引導，可將蔓藤引往隔壁麥田方向漂亮地伸展。

園藝用網栽培

❶ 將繩子繫在網目上，打8字形的引導結，環套需保留可容納一根指頭的寬度。

▼

❷ 用繩子旋繞枝莖。為避免傷到花或蕾，繩子繞在花朵正下方的葉下。

▼

❸ 將繩子旋繞一圈後打結。

支柱栽培

❶ 為避免傷到花或蕾，在花朵正下方的葉下繫上繩子。打8字形的引導結，環套需保留可容納一根指頭的寬度。

▼

❷ 將繩子在支柱上旋繞一圈後打結。

▼

❸ 打完結的情形。打的結並非在莖那一側，而是在支柱這一邊。

追肥

施加伯卡西肥料，可防止肥分用罄

相對於土壤培肥時預先投入的肥料為「基肥」，在生長發育中所施加的肥料則是「追肥」。肥分除了會因雨水等流失外，隨著蔬菜的成長需要更多的肥分，因此，對於生長期間較長的蔬菜在栽培中若未施加追肥，肥分就會用罄。

有機質肥料中，可利用很快就見效的伯卡西肥料及液體肥料補充肥分。所施加的肥料量依蔬菜的種類及生長狀況而異，因此，平常需經常觀察，斟酌肥料用量。肥料一施加下去就無法收回，因此少量多次施肥是重點。

為使伯卡西肥料的肥效顯現，需要足夠的水分。施肥後，肥分與土壤混合，一澆水，效果就顯現出來了。

也有不需追肥的蔬菜

生長期間短，30～40日就可收成的菠菜與小松菜等葉菜類及小紅蘿蔔等不需追肥，僅基肥的肥分就足夠它們生長。肥料施加太多，除會造成纖細軟弱外，也容易引來害蟲，必須留意。

以苦楝油渣追肥

在植株的周圍適量分散撒布。植株變大後可由上方撒布無妨。除可補充氮素外，亦可防範害蟲。

以液體肥料追肥

噴灑在莖葉上的液體肥料或有機100%液體肥料等液體肥料，依製品規定的稀釋倍率以水稀釋，用噴霧器噴灑，直接灑在葉面上。

鋪設稻草

❶ 植株還小時撒在種苗附近；植株變大後撒在畦床肩部。將鋪上的稻草撥開，露出土壤後撒上適量的伯卡西肥料。

▼

❷ 肥料與土壤混合溶入，將稻草歸回原位後澆水。

無覆蓋物

在植株的周圍撒上適量的伯卡西肥料，溶解於土壤中後澆水。

有覆蓋物

在畦床的旁邊挖一條溝，撒上適量的伯卡西肥料，再將溝填平。同樣地，溶解於土壤中後澆水。但植株仍小時則撒在聚酯薄膜覆蓋物的洞穴中。

培土

追肥後一定要進行培土

在間拔之後，或植株長高後根部搖晃時，進行培土作業，將植株旁邊的泥土培往植株根部。在追肥之後進行培土，亦可防止肥分的流失。球根類方面，培土具有使球根肥大的效果。

颱風來臨前或有強風的危險時，若預先培土，可使植株穩定。在嚴寒的冬天，無法立即收穫的白蘿蔔或紅蘿蔔，將土培到根的肩部可防止霜害。

若不培土就會變成這樣！

若不培土，馬鈴薯被陽光照射後會變綠色，產生毒素就不能吃了。為了可收穫健壯的馬鈴薯，請適時進行培土。

用手培土

在種苗時期，可用指頭夾攏兩側的土，將土培到根部。

用移植鏝培土

在行與行間等狹窄的地方使用移植鏝。

用鋤頭培土

用鋤頭將土鋤到刀刃上後培到根部。也可用三角鋤頭培土。

藤蔓的引導

改變藤蔓的方向，可提高作業效率

讓南瓜或西瓜等蔓生蔬菜在地面匍匐時進行引導。藤蔓伸展侵入鄰田、阻礙走道，或往不對的方向爬去時需改變藤蔓的方向。

在果菜類方面，為不使果實直接碰到地面導致受傷，可在畦床外側利用植生覆蓋物（參閱34頁）進行栽培。藤蔓往畦床外伸展時，可使它返回植生覆蓋物。

南瓜藤返回的樣子。讓往走道伸展的藤蔓返回植生覆蓋物。

間拔

不要認爲「可惜」掌握時機進行間拔

發芽後，將生長狀況良好的苗株留下，衰弱或形狀不佳的苗株則進行拔除作業。依蔬菜種類而有不同，也有視生長狀況分2～3次進行間拔作業。

若未適時進行間拔作業，植株相互遮蔭，將會造成日照及通風不良，導致發生病害蟲。也會競相攝取養分，導致肥分不足，生長變差，因此，不要認為「可惜」，就進行間拔吧。

此外，所謂「3cm間拔」就是間拔成株與株之間隔保持3cm距離；所謂「留1株」就是疏苗成每株距僅留1株。

間拔的好處

1. 選擇狀況良好的苗株培育。
2. 可使日照及通風狀況良好。
3. 防止競逐養分，使生長良好。

用手

植株已長大，怕傷到留下來的種苗時，可用手進行間拔。

用剪刀

怕傷到留下來的種苗時，可用剪刀剪掉地上部分。

用夾子

對於小種苗可使用夾子疏苗，確實間拔。

中耕

使硬化的土壤鬆軟，可使排水與空氣暢通

中耕係在畦或行之間、株與株間輕輕地翻土至深3～4cm處的作業。

播種或定植後不久，因雨水等導致土壤變硬，排水不良。這樣一來，空氣就不暢通，到達根部的氧氣不足，生長狀況就會因而變差。輕翻土壤表面，可使排水與空氣暢通。也可順便除草，在追肥後也可進行中耕。

大面積的場所可用鋤頭或三角鋤頭，狹窄的栽培場所則使用移植鏝或木鏟較為方便。

中耕的好處

1. 硬化的土壤鬆軟後，可使排水暢通。
2. 可使空氣暢通，氧氣可到達根部，使生長狀況變好。
3. 抑制雜草。

木鏟

在更小的場所則使用木鏟或木匙。

移植鏝

在狹窄的場所使用可靈活翻轉的移植鏝較為方便。以前端輕輕挖掘土壤表面即可。

用鋤頭

在寬闊的場所，建議用鋤頭或三角鋤頭。不需過於用力翻土，將土壤表面翻鬆即可。

果菜類莖葉的名稱

茄科蔬菜方面

由兩片子葉之間最早長出，成為植株中心的枝幹，稱為「主幹」。此外，從主幹與長在主幹葉腋（節）所長出的芽，稱為「側芽（腋芽）」或「側枝」。

佐倉式栽培將放任生長到最後的側枝與主幹合稱為「基本枝幹」。將基本枝幹整枝為3枝幹，稱為「3幹整枝」，整枝為4枝幹，稱為「4幹整枝」。

以茄子爲例

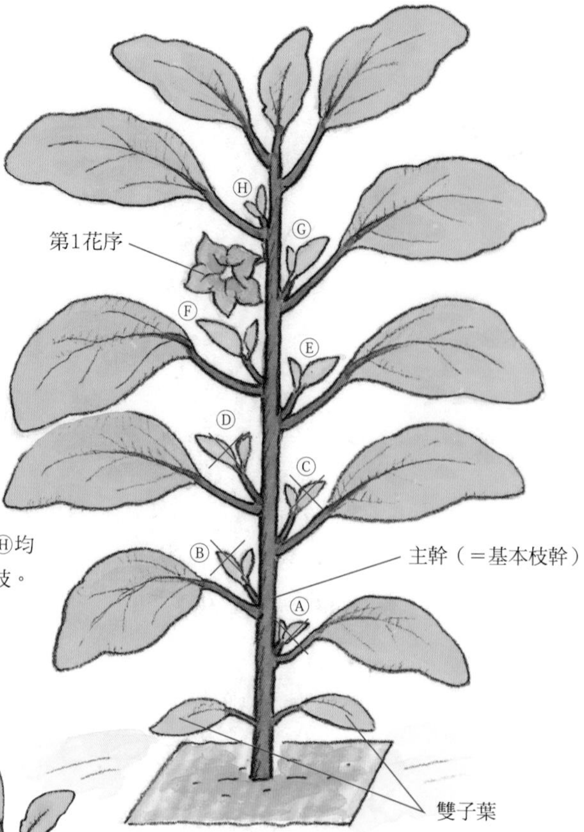

第1花序

Ⓐ～Ⓗ均為側枝。

主幹（＝基本枝幹）

雙子葉

在茄子方面，摘除側枝時，由下往上數至第4片葉子，由葉腋長出的側枝（Ⓐ～Ⓓ）全部摘除。青椒方面，在植株中，從最先開花的第一花序以下所長出的側枝全部摘除。

番茄方面，所有的側枝均摘掉，僅留1枝主幹伸展，成為「單幹整枝」。

側枝

第一條茄子

側枝

側枝

由側枝Ⓖ所生長而成的，可放任生長到最後（＝基本枝幹）。

由側枝Ⓕ所生長而成的，可放任生長到最後（＝基本枝幹）。

主枝（＝基本枝）

茄子的整枝，除主幹外，第1條果實（第1花序所形成的果實）的正下方（Ⓖ），與其下2節所長出的側枝（Ⓔ與Ⓕ），合計以4枝放任生長。果實在這些側枝結果前，將生長良好的側枝，或容易引導至支架的側枝留下2枝幹，除去1枝幹，加上主幹，以3枝基本枝幹幹生長，形成「3幹整枝」。青椒方面，由第一花序位置（枝最先分為二叉之位置）起之後的4枝幹為基本枝幹生長，形成「4幹整枝」。使側枝生長，成為「基本枝幹」後，從此枝的節所長出的芽亦稱為「側枝」。

葫蘆科蔬菜方面

由兩片子葉之間最早長出，成為植株中心的蔓，稱為「母蔓」。此外，從母蔓與長在母蔓葉腋（節）所長出的芽，稱為「側枝」，由側枝生成的蔓，稱為「子蔓」。長在子蔓上的側枝成長而成的蔓，稱為「孫蔓」。

孫蔓

摘芯

子蔓
（由側枝Ⓖ
生長而成）

子蔓
（由側枝Ⓕ
生長而成）

母蔓

側枝放任生長就稱為「子蔓」。小黃瓜方面，母蔓會一直生長到超過支柱的高度，但子蔓的葉子留下2片後就將它的芯摘掉（摘芯）。
南瓜則是母蔓與1條生長良好的子蔓成為「雙幹整枝」。西瓜則是在第5節上，將母蔓的芯摘掉，選出4條生長良好的子蔓培育。苦瓜方面，母蔓若是超過支柱高度時就摘芯。

以小黃瓜爲例

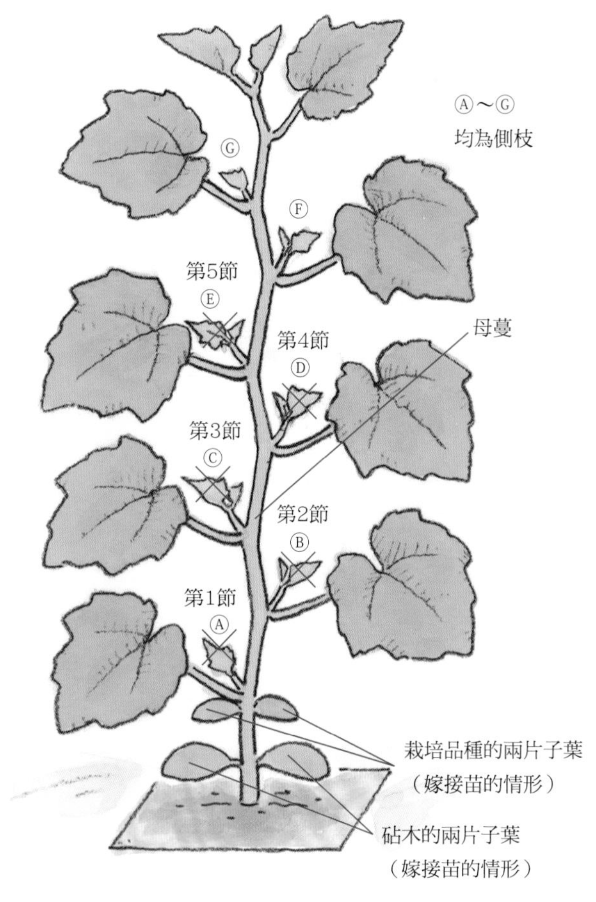

小黃瓜自第5節以下的側枝（Ⓐ～Ⓔ），苦瓜為第4～5節以下的側枝全部摘除。

摘除側枝

爲了防治病害蟲
請經常摘除

如44～45頁所述，從長在主幹（基本枝幹）葉腋（節）所長出的芽，稱為「側枝（亦稱側芽或腋芽）」，將側枝摘除的作業稱為「摘除側枝」。在果菜類方面，若放任側枝生長，莖葉就會茂密，導致日照及通風不良，容易發生病害蟲，或所結的果實品質不佳。側枝很快就會長大，因此需經常檢查，依蔬菜種類適度摘取相當重要。

用剪刀剪去側枝時，需注意要剪成留下1cm左右的長度。若病原菌由剪切口侵入，並不會立即到達主幹的導管（將根部從土壤中吸取的水分輸送到莖葉的管子），亦可預防疾病。此外，側枝的葉子上一定會長有壁蝨或芽蟲、害蟲的卵及病原菌。摘取的側枝請勿放置在菜園，應儘速拿到外面處理。

小玉西瓜

為看清楚長出的子蔓狀況，等稍微長大後再摘除。留下4條狀況佳的子蔓，其餘全部摘除。

小黃瓜

由下往上數至第5節的側枝，趁還小時摘除。

番茄

番茄的側枝。

長到5～10cm時，用指頭扶著基部，另一隻手將側枝前端摘下。使用剪刀時，約留下1cm左右的長度。

將嫁接苗砧木長出的葉子摘掉

種植嫁接苗時，有時會有其他利用砧木的品種莖葉長出來的情形。若放置的話，根部的通風會變差，導致發生病害蟲，養分也會被奪取，因此，趁還小時就摘掉。從砧木長出的葉子與從栽培品種長出的葉子，在顏色及形狀上截然不同，很容易辨別。

葉子從茄子的砧木長出來。

用手摘除，或長大時用剪刀剪除。茄子的砧木之莖葉有刺，需注意。

摘除側芽時需注意事項

1. 經常檢查，適當摘取。
2. 使用剪刀時，約留下1cm的長度，以預防疾病。
3. 摘取下來的葉子請勿放置在菜園內。

摘芯

目的有2個 依蔬菜的種類而異

將枝頭前端摘掉的作業稱為「摘芯」。摘芯大致上有兩個目的。

其一為，如小黃瓜或番茄等的果菜類，莖的前端若超過支柱高度時，為阻止繼續成長，就需進行摘芯作業。即便任其生長也很難以管理。

另一目的為，除了西瓜等果菜外，如埃及國王菜及茼蒿等葉菜類，為讓它們大量長出側芽而進行摘芯作業。為讓西瓜的子蔓長出大量的雌花（之後會結成果實），在生長的初期階段就將母蔓前端的芯摘掉，讓子蔓長出。將埃及國王菜及茼蒿前端的芯摘掉，側芽大量長出後，可提高收穫量。

植物具有「頂芽優勢」的性質

植物主枝的前端（頂芽）比側芽優先成長，具有稱為「頂芽優勢」的性質。主枝的芯一摘除，原來讓主枝成長的賀爾蒙便會被用於側芽的成長，促進側芽加速成長。

埃及國王菜

本葉長出5～6片時，將主枝前端的芯摘掉，促使側芽成長。可防止植株過高，亦可提高收穫量。

小黃瓜

母蔓的前端超過支柱高度時，為阻止繼續成長，進行摘芯作業。番茄與苦瓜也同樣。

摘葉

摘掉不需要的葉子，可使日照充足及通風順暢

將不需要的葉子摘除稱為「摘葉」。莖葉生長茂密會互相交疊，日照及通風都會變差。為不使太過於相互遮蔭交疊，摘掉一些葉子，也具有預防病害蟲的發生，以及使成長良好的效果。

摘葉的方法及時機依蔬菜的種類而異，詳情請參閱「栽培篇」（53～126頁）進行摘葉。

下方的葉子也摘掉

下方的葉子變大，快要接近畦面時，為使空氣暢通，應全部摘除。接觸畦面的葉子已經完成進行光合作用的功能，摘掉並不會妨礙蔬菜的生長。使植株根部經常保持順暢，對於預防病害蟲相當重要。

剪取小黃瓜下方葉子。除了接觸地面的葉子及枯葉外，長在已經收穫果實下方的葉子也需摘掉。

秋葵

每次收穫秋葵果莢時就進行摘葉。在收穫的秋葵果莢正下方的葉子，除留下1～2片外，其餘全部摘除。

人工授粉

爲讓植株確實著果掌握時機進行人工授粉

在果菜類方面，為讓植株確實著果，以人為方式進行授粉，稱為人工授粉。有必要進行人工授粉的是雌雄同株異花（參閱左欄）的部分葫蘆科蔬菜；而具有兩性花的植物則只有草莓需進行人工授粉。草莓花的雌蕊密集在中央部分，雄蕊則環繞在其周圍的一種結構，若不完全受粉、受精，就會結成畸形的果實。

不論哪種蔬菜，花粉都是在清晨大量產生。請在上午9時前完成人工授粉。

何謂「雌雄同株異花」、「兩性花」？

蔬菜大致上分為：①長有雄株與雌株的「雌雄異株」植物；②1株植株長有雄花與雌花的「雌雄同株異花」植物；③1朵花中長有雄蕊與雌蕊的「兩性花」植物。①的蔬菜為菠菜、蘆筍；②的蔬菜為葫蘆科蔬菜及玉米；③的蔬菜為茄科及豆科、十字花科等。

花朵的結構與人工授粉的需要與否

主要的蔬菜種類	花朵結構	需不需要
番茄等茄科蔬菜	兩性花	×不需要 在管理作業中，花受到搖動就可幫助受粉
小黃瓜等葫蘆科蔬菜	雌雄同株異花	△依蔬菜種類而異
毛豆等豆科蔬菜	兩性花	×不需要
草莓	兩性花	○最好進行人工授粉
玉米	雌雄同株異花	×不需要 但儘量聚集多數的植株，以多行培育。

葫蘆科蔬菜需不需要人工授粉

主要的蔬菜種類	需不需要人工授粉
小黃瓜	×不需受粉、受精也可結成果實，因具有單性結果（parthenocarpy）性質，因此不需要。
南瓜、西瓜、香瓜	○雌花的數量有限，為確實著果，需要人工授粉。
苦瓜、雜瓜類	×雌花的數量很多，在有昆蟲活動的場所就不需要。

※所謂的雜瓜指的是絲瓜、蛇瓜、冬瓜及白瓜類等。

葫蘆科蔬菜（以西瓜爲例）

❶切取雄花的花瓣，使雄蕊露出來。

▼

❷用雄蕊碰觸雌花的中心部分，使蘸上花粉。

▼

❸為以授粉日推算大致的收穫日期，在園藝用標籤上書寫授粉日期，並繫在雌花的基部上。

草莓

使用前端柔軟的毛筆仔細心輕掃整朵花。

雄花與雌花的辨別方式

雌雄同株異花植物就是在同一株中長有雄花與雌花。辨別雌雄的重點在於花的根部。完全沒膨脹的是雄花（照片上），有膨脹的是雌花（下）。弄錯的話就不會結成果實，需注意。

摘花與摘果

千萬不要覺得「可惜」，摘花或摘果可讓留下來的果實飽滿

將花摘下的作業稱為「摘花」；在果實還小的時候進行摘取作業稱為「摘果」。摘花與摘果均是針對果菜類，可將養分轉送給留下來的果實，並可讓果實飽滿的一項重要作業。

例如，雌雄同株異花植物的玉米，在1株中，稱為雌穗的果實長有2～3穗。其中長得最大穗，且玉米粒完整漂亮的是長在最上面的頂穗。為讓它結實飽滿，將其他雌穗在還小的時候就摘掉。

若認為「可惜」，將所有的花及果實都全部留下來，果實就會變小，而且不鮮甜。請適度摘取吧。

第1個果實需儘早採收

在1株植株上最先結的果實，稱為「第1個果實」。小黃瓜、茄子及青椒等的第1個果實大多是在植株還小的時候結下的。若讓它們長大，對於植株而言會形成沉重的負擔，因此，不妨趁還小的時候就儘早採收。可防止植株疲弱，並可長期間收穫。

玉米

❶ 雌穗結了2條玉米。

❷ 留下最上面的雌穗，其他用手摘下。這項作業也稱為「除穗」。採下來的雌穗可做為小玉米穗食用。

迷你小番茄的摘花

迷你番茄的聚繖花序的分枝很多，花朵若超過30個時就摘除。將靠近聚繖花序基部的花留下，前面部分的花平均摘取。將會造成疾病的枯花及受傷的花也都摘掉。

小玉西瓜的摘果

長在子蔓6～8節的雌花在小的時候就摘除。收成以每株3～4個為目標，若結了5個以上的果實時，在小的時候就需摘除。

果實的保護

稍費點工夫 可收穫漂亮的果實

南瓜及西瓜等以匍匐方式栽培的果菜類，其果實若直接接觸地面有時會造成損傷。預先鋪上稻草或利用植生覆蓋物，具有某種程度的保護效果，但若進一步將專用的透明托盤放置在果實下面，可防止雨水濺起，就可採收到漂亮的果實。

南瓜與西瓜等果實因接觸地面，只有這部分太陽照射不到，以致顏色泛白。在食用上完全不成問題，但若鋪上托盤時，可將果實稍微旋轉而可照射到陽光，整體顏色就不會參差不齊，可長成漂亮的果實。

在果實的下面鋪上專用的托盤。此處使用堅硬透明的托盤，其他市面上也有販售發泡苯乙烯托盤或PET樹脂製托盤等各式各樣製品。

夏季蔬菜　栽培重點

1 栽培期間長，需確實做好土壤培肥

由於番茄與茄子等夏季蔬菜的栽培期長達3個月以上，可充分製作堆肥與肥分，進行土壤培肥。

肥料（伯卡西肥料）中，有針對果菜類使用磷酸含量較多的製品。

本書53頁起的「栽培篇」係以開始經營有機栽培不久的菜園，擬種植果菜類時，設定其極大值，並介紹施肥量。

依土地狀況，所施肥料比本書標示的量還少也沒關係。將苦楝油渣與伯卡西肥料一起撒入，除可補充氮素外，亦可望具有害蟲驅避效果。

2 鋪設聚酯薄膜覆蓋物以提高土壤溫度

為提高土壤溫度，建議鋪設聚酯薄膜覆蓋物進行栽培。於4月初旬之前開始栽培時，使用透明聚酯薄膜覆蓋物，可使土壤溫度上升的效果較高。

雖無法期待會有防除雜草的效果，但佐倉式栽培容許有某種程度的雜草。之後的時期使用不透光、雜草防除效果高的黑色聚酯薄膜覆蓋物。覆蓋物也具有防止乾燥之效果。

種植番茄及茄子等大型果菜類時，建議使用無洞穴的覆蓋物，由自己挖植穴的方法。

無洞型覆蓋可自行決定株距，而可廣泛地利用於各種蔬菜的種植，非常便利。

若一直鋪著覆蓋物，在夏天會發生土壤溫度太高之現象。在栽培中可在上面鋪上稻草，可防止土壤溫度過高。

夏季蔬菜大多不耐寒。使用透明覆蓋物提高土壤溫度而則種植種苗。

3 利用嫁接苗，一面勤加管理，一面培育

市面上有販售番茄、茄子及小黃瓜等蔬菜的嫁接苗（參閱30頁），請利用這種嫁接苗。價格稍微貴一些，但具有抗病害蟲、容易培植及提高產量等優點。

依番茄及小黃瓜等蔬菜種類架設支架支撐植株，一面將莖引往支架，一面培植。

若放任茂密的莖葉生長，會導致日照及通風不良，除影響生長外，也容易發生病害蟲。

以豐收為目標，適時進行摘除側枝、整枝及摘芯等作業。定期追肥也相當重要。

茄子的嫁接苗。抗病害蟲能力強，收穫量亦可提高，請務必利用。

秋冬蔬菜　栽培重點

1 省略土壤培肥 也可適時栽培

寒冬時期進行栽培時，需適時進行播種及定植，這點非常重要。進行土壤培肥需花上2週～1個月的時間，在夏季蔬菜之後於相同場所培育秋冬蔬菜時，反推回去，在8月上旬～中旬就必須將夏季蔬菜收割完畢。

不過，這時一定會認為「還可以繼續收成啊，這樣多可惜」，因而延遲採收時間。

這時不需勉強進行土壤培肥，但即便省略土壤培肥，也應留意適時開始進行栽培。

夏季蔬菜在收穫中大多有持續定期進行追肥，土壤中仍有足夠的肥分殘留著。

省略土壤培肥時，對於高麗菜、青花椰菜及白菜等栽培期間長的蔬菜可儘早進行追肥，以補充肥分。鋪設覆蓋物若要追肥會有困難，因此可不需鋪設覆蓋物進行種植。

2 需考慮與前期作物的相配性 擬定栽培計畫

種植小松菜及菠菜等葉菜類蔬菜時，若特別以含有較多肥分的土壤進行培育，容易發生病害及芽蟲危害。

番茄、茄子及青椒等在收穫中也需持續追肥，種植時，應避開前一期栽培過這些果菜類的農地，或最好不要放入基肥。

建議以在成長時需較多肥分的玉米之後的農地。反之，建議可在栽培期較長的高麗菜、青花椰菜及白菜等果菜類之後的農地上栽培小松菜及菠菜等葉菜類，可一面追肥，一面培育。

3 栽培時 需避開病蟲害高峰

不使用農藥的有機栽培方面，病害蟲的防治也相當重要。

在炎熱的夏季，害蟲的活動頻繁，需到9月中旬以後才會沉靜下來。若避開容易產生害蟲的季節，冬季開始栽培的時間就會延遲，想要種植的蔬菜有時會難以順利培育。

或許會認為這樣一來，與前段所述「需適時進行播種及種植」不是矛盾嗎？不過，為有效率地使用資材，需延遲開始栽培時間，以防止害蟲的危害。

例如，白蘿蔔於8月下旬開始進行播種，但建議於9月中旬才播種。這時候氣溫下降，因此，可覆蓋透明的聚酯薄膜覆蓋物，以提高土壤溫度。以不織布等覆蓋資材之「浮動式覆蓋」對於害蟲的防除很有功效。

在畦面上覆蓋透明的聚酯薄膜覆蓋物，於9月中旬播種的白蘿蔔。漂亮地培育，迎接收穫適期。

越冬蔬菜　栽培重點

1 遵守栽培、播種的適當時期

為順利度過嚴寒的冬天，植株的大小非常重要。特別是豌豆與蠶豆在真正酷寒來臨前植株就長得很大，耐寒性有時會變差而無法順利度過冬天。

反之，植株過小的話，也會不耐寒冷而枯萎。

洋蔥若種植太大的種苗，在春天很有可能就開始抽苔，形成洋蔥花（蕾）。

植株太大或太小都會種不好，需以適中的形態越冬，在播種或種植時都應注意。越冬蔬菜與其他蔬菜相較，其播種或種植的適當時期較短，不可錯過栽培時機非常重要。

由於種植太大的種苗，一到春天就抽苔形成洋蔥花（蕾）。莖球內部形成芯，會變硬而不好吃。

3 在初春掌握時機進行追肥促進生長

因為寒冷，地上莖枝停止成長的嚴寒時期不需追肥。另一方面，在寒冷緩和的2月下旬～3月上旬進行追肥，以利春天以後的植株生長。追肥是在豌豆及蠶豆花芽著生前；洋蔥及草莓等的葉子開始茂密生長前的時機。

在肥分最需要時進行追肥，可使植株迅速長大。越冬蔬菜在冬季期間並不怎麼麻煩費事，但越冬後的管理作業就會忙得不可開交。在適當時機進行作業乃是栽培成功的重點。

2 依蔬菜的種類與地區採取防寒措施

在氣候酷寒的地區，可依蔬菜種類採取防範寒害措施。

例如，豌豆與蠶豆若暴露在強霜與寒風中，植株就會受到傷害。因此，可將不織布鋪在隧道式棚架上，或在畦床的北面或西側搭設竹籬防寒。

洋蔥一碰到霜柱，根部就會浮起或發生枯萎。可用腳踩踏，固定植株根部，抑制球根浮起，植株穩定後，球莖就可長大。在株距間撒布稻殼灰也有效果。稻殼灰可吸收太陽熱能，提高土壤溫度，並具有加速霜柱溶解的效果。

雖說是冬天，也不能放任不管，需勤加巡視菜園，經常觀察植株的生長狀況，以及去除病原菌之溫床的枯葉等作業。

在洋蔥的株距間撒上稻殼灰。

在豌豆畦床的北側架設竹籬。可防霜及強烈的北風，具有保護植株的效果。

栽培篇
果菜類

● 有關使用於土壤培肥的資材，請參閱18～21頁。
● 土壤培肥與作畦的具體方法，請參閱24～25頁。
● 管理作業的詳情，請參閱28～49頁。

番茄

茄科

僅留主幹生長 以單幹整枝方式栽培

由於植株會長得很大，因此株距約留50cm進行種植。

定植後，為避免植株搖晃，需架設支架，用麻繩引導。

建議將葉腋長出的側枝摘除，僅留主幹伸展的「單幹整枝」方式較容易栽培。若放任生長，枝葉相互遮蔭，日照及通風均會不良，因此需定期巡視，將側枝摘除，反覆引導莖的生長方向至為重要。

1 選苗

選購葉色濃綠、植株與地面接觸之處的莖粗細度為7～8㎜、節間短（不徒長）的種苗。第一花序上長有很多花蕾，而且長有含苞待放的花為佳。建議選購不易出現連作障礙，而且產量多的嫁接苗。

2 定植

① 行距取50cm，在聚酯薄膜覆蓋物上挖2行的植穴。使用拆下蓮蓬頭的灑水壺，將水注入植穴中。當水被吸收後，從花盆中取出種苗，定植時需避免土球崩散。定植嫁接苗時，請勿深植。將長有第一花序的部分面向走道，以方便日後採收作業。

② 定植後，需避免將水澆到苗株，使用蓮蓬頭拆下來的灑水壺，在土球的周圍充分澆水。

為何長有花蕾及花的種苗較好呢？

若種植未長有花蕾及花的小種苗，常會發生枝葉茂盛而結的果實不佳的情形。另一方面，若種植已開完花的老化苗，其後的成長則有顯著變差的情形。

為使結的果實良好，請定植第一花序開始開花時的種苗。

有機栽培的管理祕訣

❶ 雨水多時容易發生裂果，建議以聚酯薄膜覆蓋物栽培。

❷ 選購嫁接苗種植較不易受到病害，且可增加產量。

❸ 以「單幹整枝」栽培，日照良好，果實就纍纍。

DATA

栽培月曆　— 定植　— 收穫

月	1	2	3	4	5	6	7	8	9	10	11	12
寒冷地帶					定植	定植	收穫	收穫	收穫	收穫		
中間地帶				定植	定植	收穫	收穫	收穫				
溫暖地帶				定植		收穫	收穫	收穫				

栽培資訊

科名：茄科

連作障礙：有（間隔4～5年）

病害蟲：蚜蟲、煙青蟲、潛蠅、白粉病等

植株大小

株高：150～200cm　**株距**：50cm

行距：50cm（2行）

作畦

畦床寬度70cm

（種植2行時，走道寬度120cm）

[1個月前]

有機石灰：100g/㎡

[2週前]

堆肥：1.5ℓ/㎡

伯卡西肥料：100g/㎡

微生物資材：150g/㎡

3 架設支柱

在苗株的旁邊垂直地豎立一根直徑2cm、長210～240cm的支柱。為避免苗株搖晃，用麻繩引導。

為避免傷到果實，將麻繩繫在第一花序正下葉子的下方。將麻繩打成8字形的引導結，環套需保留可容納一根指頭的寬度，在支柱上打結。

支柱尖端朝下。

4 摘除側枝、引導

① 從葉腋長出的側枝長到10cm左右時，用1隻手指按著葉腋，另一隻手捏著側枝從葉腋掀下。

② 每當主幹成長時，就用麻繩引往支柱。

5 追肥

第1次

第一花序的第1個果實長到500日圓硬幣大小時，以每株約30g的伯卡西肥料撒在覆蓋物的洞中。

第2次以後

距第1次追肥相隔2～3週，在畦床的一側掘一條深5cm左右的溝，以50g/㎡的伯卡西肥料進行追肥（照片）後覆土。第3次在畦床另一側進行追肥，之後交互進行追肥。

6 摘果

1個花序結有6個以上的果實時，在確認著果後保留4～5個，將形狀不佳的果實用手摘掉（摘果）。這項作業可防止養分分散，並可使剩下的果實飽滿。

※比起大顆番茄來，生長勢較強的迷你番茄之聚繖花序分枝較多，花數超過30朵時就摘花。在聚繖花序的基部部分，也均衡地留下30朵花，在前端部分的花用手摘掉。

為何引導很重要？

植物主枝的前端（頂芽）比側枝優先成長，具有稱為「頂芽優勢」的性質。不過，若未引導，主幹一傾斜，側枝的成長就比頂芽還要旺盛。因此，引導主幹扶搖直上是很重要的。

7 鋪稻草

時序進入6月後，為防止土壤溫度過熱，鋪上的稻草厚度要以看不見聚酯薄膜覆蓋物為準。

8 摘芯

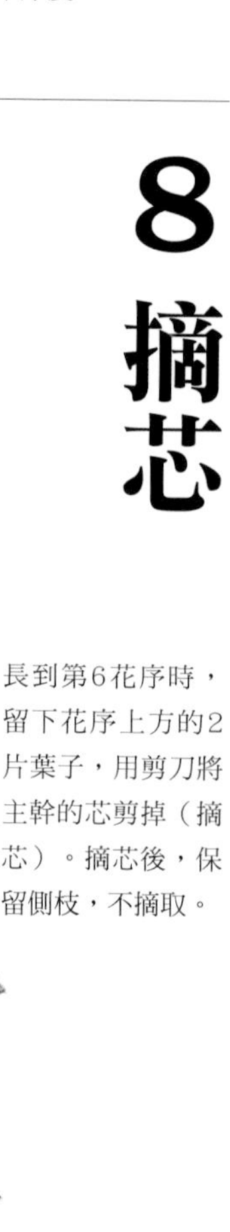

長到第6花序時，留下花序上方的2片葉子，用剪刀將主幹的芯剪掉（摘芯）。摘芯後，保留側枝，不摘取。

9 收穫

果實的肩部也轉成紅色時就可採收。用手使果實傾斜，就可簡單地摔下來。

蒂的周圍即使有些綠綠的也可採成

番茄大約8成熟時，蒂的周圍即使有些綠綠的，採收也OK。這時的番茄介於果形發育至固定大小的「綠熟期」與完全轉紅的「完熟期」之間，這時即便採收了，經放置數日後自然就會變成紅色。太晚採收就會過熟導致落果，或遭到害蟲危害，因此還是早些採收。

番茄有機栽培的病蟲害防治措施

❶ 被雨水淋到時容易生病，採用遮棚栽培可有效遮雨。

❷ 個果房的果實全部都採收時，其以下葉子的功能已完成，可全部除去，使空氣暢通。

❸ 側枝修剪時需留下1cm，病原菌即使由剪切口侵入，也不會立即到達主幹的導管，可預防疾病的發生。

茄子

茄科

栽培生長良好的嫁接苗可提高收穫量

植株一成長就會變大，且枝葉茂密開闊，因此，株距採60cm。抗病害蟲能力強，若選擇收穫期長的嫁接苗栽培，植株的生長旺盛，豐收可期。

茄子性喜肥分及水分，因此，確實做好土壤培肥與鋪設覆蓋物是種植時管理的重點。經常進行定期追肥、摘除側枝及整枝等栽培管理，可持續收穫至10月左右。

1 選苗

選擇葉色濃綠、節間短（不會搖晃軟弱，不徒長）的茁壯種苗。可能的話，以已長有第一花序的苗株為佳。

建議選種生長旺盛的嫁接苗

所謂的嫁接苗就是在抗病害蟲能力強的野生種砧木上接合想要栽培的品種培育而成的種苗。低溫下也可發育良好，不易發生連作障礙。價格稍微貴一些，但收穫量比起非嫁接苗還高，建議選種嫁接苗。

2 定植

在聚酯薄膜覆蓋物的中央，以60cm的間距挖掘植穴。使用拆下蓮蓬頭的灑水壺，將水注入植穴。等水完全被土壤吸收後定植種苗。此時，嫁接苗的接合處請勿覆蓋土壤。不需深植，勿將土球埋入，種苗放入植穴時用手培土。

3 搭設暫時支柱

準備1根長70～80cm的暫時支柱，斜對著種苗插入土中。用麻繩環繞著莖的部分打8字形結，將莖引往支柱。

有機栽培的管理祕訣

❶ 茄子喜高溫多濕，鋪設覆蓋物可使溫度上升，並保持水分。

❷ 選擇茁壯的嫁接苗可提高收穫量。

❸ 以「3幹整枝」栽培，使日照充足，生長就會良好。

DATA

栽培月曆（— 定植　— 收穫）

月	1	2	3	4	5	6	7	8	9	10	11	12
寒冷地帶					定植	定植	收穫	收穫	收穫			
中間地帶				定植	定植	收穫	收穫	收穫	收穫	收穫		
溫暖地帶				定植	定植	收穫	收穫	收穫	收穫	收穫		

栽培資訊
科名：茄科
連作障礙：有（間隔4～5年）
病害蟲：蚜蟲、二斑葉蟎、白粉病等

植株大小
株高：80～100cm　**株距**：60cm
作畦
畦床寬度70cm、走道寬度120cm

[1個月前]
有機石灰：100g/㎡
[2週前]
堆肥：1.5ℓ/㎡
伯卡西肥料：150g/㎡
微生物資材：150g/㎡

4 搭支架、摘除側枝、引導、整枝

●整枝（3幹整枝）

除了長有第一花序（第1個果實）的主幹外，還有從第一花序正下的葉腋與其下方2節的葉腋所長出的側枝，合計4根枝任其生長。在這些側枝還未長出果實時，將其中1枝切除，與主幹合計形成「3幹整枝」。

●搭支架

請參閱圖示，在距植株15～18cm之處各搭2根交叉的支柱，對1株植株架設4根支柱的方法。

●摘除側枝

由下往上數至第4片葉子，將葉腋所長出的側枝全部摘除，可使通風及日照充足。

●引導

將原本的主幹1枝與生長出來的側枝2枝合計3枝形成「基本枝幹」，將這些基本枝幹引往支架。將長在內側的莖枝及細枝均切除。

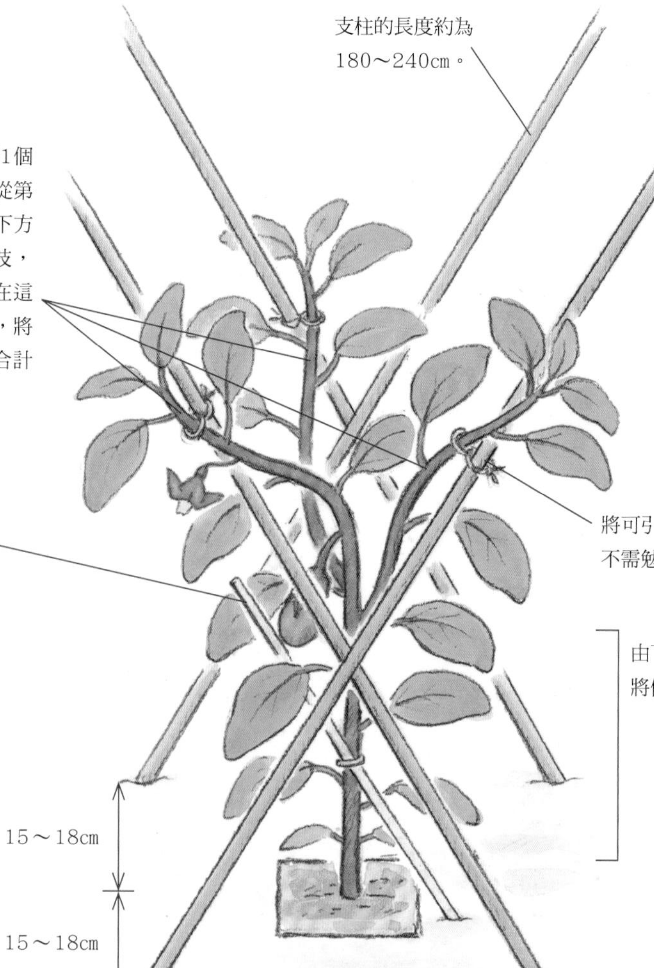

第1次

從基本枝幹伸長出的側枝中，將第一花序上方的葉子留下一片後切掉枝莖。

第2次以後

從基本枝幹長出側枝，再從側枝長出側芽。莖枝若會相互遮蔭時，於收穫後，在側枝上方的位置進行修剪，僅留下側芽葉腋繼續生長。

枝葉若未相互遮蔭，於收穫後，將收穫的果實下方修剪掉，讓側枝與側芽繼續生長。

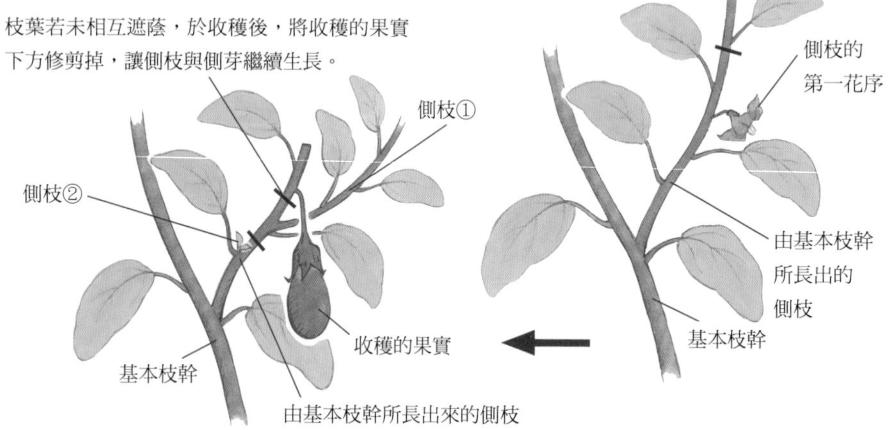

避免相互遮蔭，需修剪枝葉

一開始結果時，枝葉就漸漸相互遮蔭，只能結成小的果實。修剪枝葉後可使日照及通風良好，也可長期採收到良質的果實。

採收基本枝幹的側芽所長出的果實後，若發現枝葉混雜的情形時，將枝切掉，如圖示。

5 引導

基本枝幹長高後適當地引往支柱生長。用力彎曲的話莖枝會折斷，需在不勉強的範圍下進行引導。

6 追肥、培土

定植3週後，在覆蓋物的洞穴中撒上伯卡西肥料30g。其後，在畦床的一側掘一條深5cm左右的溝，以2～3週1次，以50g/㎡的伯卡西肥料進行追肥後覆土。下一次換在畦床另一側以相同方法進行追肥。之後交互進行追肥。

由砧木所長出的芽需適當摘除

種植嫁接苗時，砧木的芽會從植株與地面接觸之處長出。養分被分散後，所結果實就會不佳，一發現就摘掉。從砧木長出的枝葉長有堅硬的棘，摘除時需小心避免受傷。

7 鋪稻草

為防止乾燥與高溫，進入6月後，除了根部外，將稻草鋪滿畦面。鋪上的稻草厚度要以看不見聚酯薄膜覆蓋物為準。

8 收穫

由於植株仍小，第1個果實需儘早採收，以減少植株的負擔，如此就可長期收穫，第二個果實以後，視品種的大小進行採收。

茄子有機栽培的病蟲害防治措施

❶ 枯葉或變枯黃的葉子需儘早摘除。

❷ 二斑葉蟎會造成植株水分不足，需加以注意。澆水時，可沖洗葉背，將昆蟲沖走。

❸ 枝葉若相互遮蔭會造成通風及透光不足，需進行適當的修剪。

茄科

青椒／辣椒

勤加整枝
使果實纍纍

可長期間收穫到秋季，因此需確實做好土壤培肥工作。種植後立即設暫時支柱支撐苗株，約3週後搭支架。由於會陸續開花，經常修剪互相交疊的莖枝，可使通風及日照充足，並防止病害蟲的發生。

為避免造成植株疲乏，需定期澆水及追肥，在果實變得過大前，陸續儘早採收，是保持植株持續結果的祕訣。

1 選苗

選擇葉色濃綠、節間短（不徒長），已長有第一花序的苗株為佳。

2 定植

在聚酯薄膜覆蓋物上，以60cm的間隔挖掘植穴。使用拆下蓮蓬頭的灑水壺，將水注入植穴。等水完全被土壤吸收後從花盆中取出種苗定植，請注意不需深植。土壤不可覆蓋在土球上，可用手按壓。

3 搭設暫時支柱

準備1根長70～80cm的暫時支柱，斜對著種苗插入土中。用麻繩環繞著莖的部分打8字形結，將莖引往支柱。

儘早取得小種苗？

不耐寒冷的青椒與辣椒，等到氣溫變高的5月後再種植並不遲。若儘早購入種苗並不需立即種到菜園，可先移植到大一圈的塑膠花盆中，等到適宜種植的時期再種植到溫暖的場所。

DATA

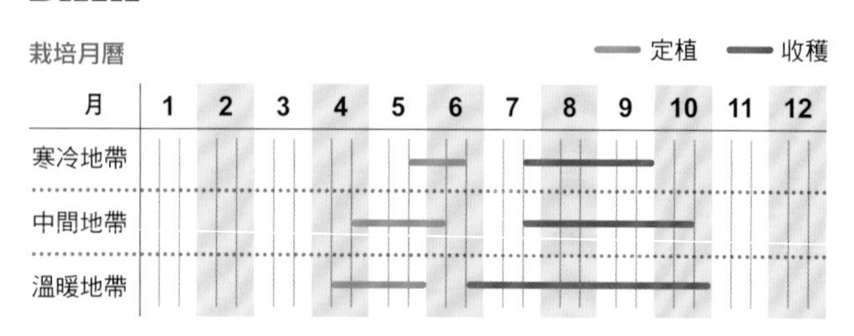

栽培資訊
科名：茄科
連作障礙：有（間隔3～4年）
病害蟲：蚜蟲、二斑葉蟎、花葉病（mosaic disease）、白粉病等

植株大小
株高：60～80cm　**株距**：60cm
行距：50cm（2行的情形）
作畦
畦床寬度70cm、走道寬度50cm（定植2行時為120cm）

[1個月前]
有機石灰：100g/㎡
[2週前]
堆肥：1.5ℓ/㎡
伯卡西肥料：150g/㎡
微生物資材：150g/㎡

有機栽培的管理祕訣

❶ 為加速植株生長，鋪設聚酯薄膜覆蓋物進行栽培。
❷ 定期追肥就會陸續結果。
❸ 進行整枝，使通風及日照充足。

4 搭支架、引導、摘除側枝、整枝

收穫後持續整支

由基本枝幹長出的側枝上所長的花及莖，以圖示的方式摘取。這樣一來，日照及通風就會良好，結的果實也會漂亮。

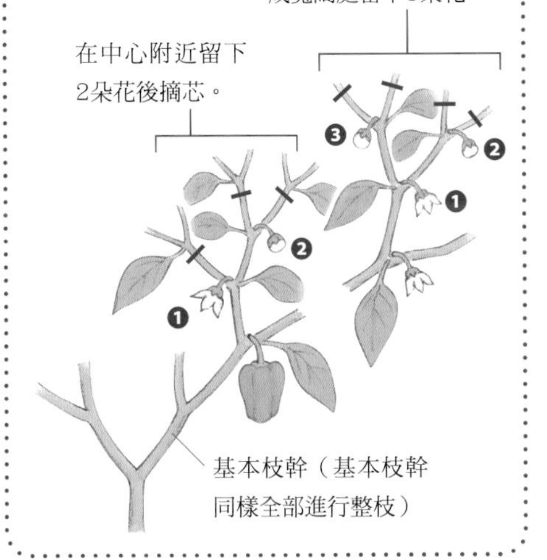

Ⓐ 如圖示，將植株置於正中央，描畫一個正三角形，在頂點的位置豎立支柱，平衡地捆綁著。3根展開呈120度最為理想。

Ⓑ 由第一花序開花的位置（最先分叉為兩支的位置）起，和之後的4支形成基本枝幹（4幹整枝）。

Ⓒ 第一花序（第1個果實）下方的側枝全部摘除。

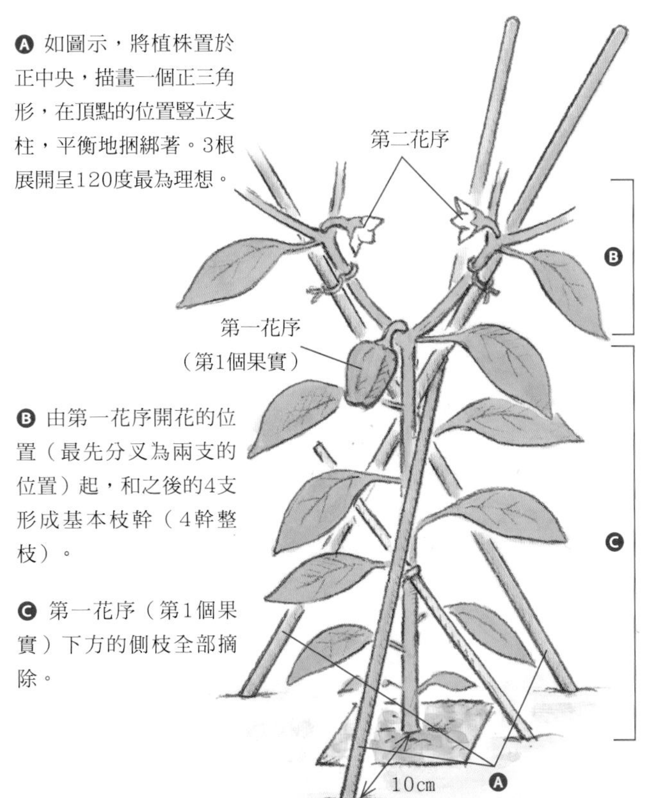

7 收穫

第1個果實需儘早採收，以減少植株的負擔。第2個果實以後，視品種的大小用剪刀採收。

辣椒的收穫方法

辣椒果實飽滿後隨時都可採收。「鷹爪」辣椒隨著成熟，果實會由綠色變為紅色，依喜好程度進行採收。大辣品種具有很強的刺激性，採收時最好帶著手套。

採收適期的辣椒。結成果實後，可一條一條用剪刀剪下，或整枝剪下採收。

5 追肥、培土

種植3週後，在覆蓋物的洞穴中撒上伯卡西肥料一小撮（約10g）。其後，在畦床的一側掘一條深5cm左右的溝，以2～3週1次，以50g/㎡的伯卡西肥料進行追肥後覆土。下一次換在畦床另一側以相同方法進行追肥。之後交互進行追肥。

6 鋪稻草

為防止乾燥與高溫，進入6月後，除了根部外，將稻草鋪滿畦面。鋪上的稻草厚度要以看不見聚酯薄膜覆蓋物為準。

葫蘆科

小黃瓜

經常採收，可使植株持續結下纍纍果實

藤蔓伸展旺盛地往前攀爬，搭設支架、鋪設園藝用網，以利支撐植株的重量。小黃瓜的根為呼吸氧氣，在土壤中淺淺地蔓延伸展，因此，時序進入6月後，在聚酯薄膜覆蓋物上鋪設稻草，以防乾燥及土壤溫度上升。

結成果實不採收的話，植株很快就衰老，因此，第1個果實需儘早採收，其後一面觀察植株的生長勢，一面以果實長度20cm為大致標準勤加採收。

1 選苗

選擇本葉長出3～4片、葉色濃綠、不徒長的苗壯種苗。在聚酯薄膜覆蓋物上，以60cm的間距挖掘植穴，種植種苗。這時，將30cm左右的長蔥苗2株有如陪伴般種在小黃瓜土球的兩側。

2 搭支架

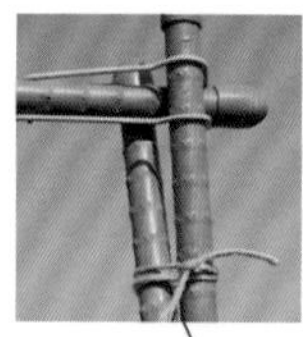

支柱上端交叉的部分。用固定器或繩子等牢牢固定。

搭設支架讓藤蔓可蔓延攀爬。藤蔓會因風吹搖晃導致受傷，因此，如照片所示，在畦床的兩側各交叉架設210～240cm的支柱，在上面以1根橫支架固定。為加以補強，再以2根支架斜叉固定。另為使藤蔓容易攀爬，以距地面30cm的間隔拉設繩子。

為避免種下的種苗搖晃，斜插立1根暫時的支柱固定。

混直長蔥可預防蔓割病

小黃瓜及西瓜等葫蘆科的植物混種蔥類，可預防蔓割病等連作礙障。棲息在蔥類根部的拮抗菌會產生抗菌物質，抑制土壤病原菌，業經科學研究證實。

有機栽培的管理祕訣

1. 請選擇耐低溫、抗病性強的嫁接苗栽培。
2. 藤蔓互相交疊會造成通風不良，需平均引往支架伸展。
3. 為防止枝幹疲累，請儘早採收。

DATA

栽培月曆（定植／收穫）

月	1	2	3	4	5	6	7	8	9	10	11	12
寒冷地帶					定植	定植	收穫	收穫	收穫			
中間地帶				定植	定植	收穫	收穫	收穫				
溫暖地帶				定植	定植・收穫	收穫	收穫	收穫				

栽培資訊

科名：葫蘆科

連作障礙：有（間隔3年）

病害蟲：蚜蟲、黃守瓜蟲、白粉病、霜霉病等

植株大小

株高：180cm以上　**株距**：60cm

行距：50cm（2行的情形）

作畦

畦床寬度70cm、走道寬度50cm（種植2行時為120cm）

[1個月前] **有機石灰**：100g/㎡

[2週前]

堆肥：1.5ℓ/㎡

伯卡西肥料：100g/㎡

苦楝油渣：100g/㎡

微生物資材：100g/㎡

3 引導、摘除側枝、整枝

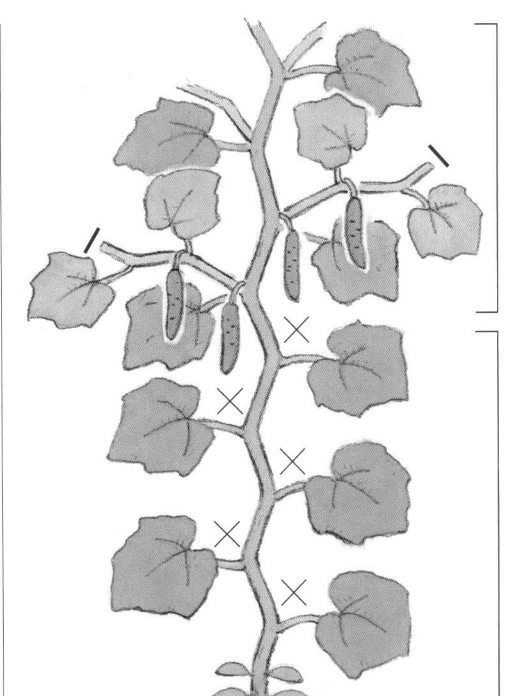

●整枝
確認側枝（子蔓）長有雌花後，留下本葉2片，並摘芯。

●摘除側枝、摘芯
第5節以下的側枝與雌花全部摘除。

●引導
開始蔓延的藤蔓引導至適當的支架及繩子。

側枝（子蔓）的摘芯。
留下2片葉子，用手將芽的前端摘掉。

4 追肥、培土

開始結果實時，以每2～3週1次的頻率，在走道的一邊每株撒上30g的伯卡西肥料，與土壤輕輕混合，乾燥的話，將水充分澆在走道上。需避免氮素肥料用盡，但施加過多會發生白粉病。

5 鋪設稻草

為防止乾燥與高溫，進入6月後，以剪成20～25cm的稻草鋪在畦面上，稻草厚度以看不見聚酯薄膜覆蓋物為準。

攀爬到最頂端時摘芯讓果實飽滿

藤蔓攀爬到支架或網子的最上面時將前端的芯摘掉。這樣可防止養分分散，並可讓果實飽滿。

用手將超出支架頂端的藤蔓前端摘除。

6 收穫

藤蔓攀爬，陸續結果的小黃瓜。

小黃瓜的養分被果實過於吸取時，蔓藤的生長會緩慢下來，因此，第1個果實需儘早採收。第二個果實之後（照片），長度約20cm即可採收。

葫蘆科

南瓜

栽培麥子 讓藤蔓匍匐爬行

南瓜藤蔓伸展旺盛，建議以在地面匍匐爬行方式進行栽培。若要採收大一點的南瓜，株距需採60～100cm，讓藤蔓有寬闊的匍匐爬行空間。藤蔓蔓延時進行整枝、引導及追肥，以促進生長。

一般都是鋪稻草讓藤蔓攀爬，但建議用種植麥子當覆蓋物（植生覆蓋物）取代稻草，不僅可省去鋪設稻草的人手，在收成後還可做為綠肥埋入土壤中。

1 定植

① 準備3～4株種苗。在畦床的中央，以60～100cm的間距挖掘植穴，種植種苗。

② 為防止乾燥，在種苗的四周鋪設稻草。由於稻草有可能帶有病原菌，在鋪設的時候儘量不要接觸到種苗。

2 植生覆蓋物

① 在藤蔓爬行的場地上（每株1×2m的寬度）撒播麥的種子，以取代稻草。撒播麥種的時間約在種植南瓜的2～3日後。以20cm的間隔做成播溝，並以2～3cm間距撒播麥種。如照片所示，邊用腳踩做成播溝邊播種。

② 麥種播撒完畢後，用耙子耙土覆蓋種子後，全部畦床充分澆水。

有機栽培的管理祕訣

❶ 以母蔓與1條子蔓伸展，形成「雙幹整枝」栽培。

❷ 在藤蔓爬行的地方栽培麥子，用來做為覆蓋物。

❸ 發現長有白粉病的葉子時儘速摘除。

DATA

栽培月曆　— 定植　— 收穫

月	1	2	3	4	5	6	7	8	9	10	11	12
寒冷地帶					定植	定植			收穫			
中間地帶					定植			收穫				
溫暖地帶				定植		收穫	收穫					

栽培資訊
科名：葫蘆科
連作障礙：少（間隔1～2年）
病害蟲：蚜蟲、黃守瓜蟲、白粉病、霜霉病等

植株大小
株高：200～250cm
株距：60～100cm
作畦
畦床寬度70cm、走道寬度200cm

[2週前]
堆肥：1.5ℓ/㎡
伯卡西肥料：100g/㎡
微生物資材：150～200g/㎡
※植生覆蓋物部分施加同量的堆肥，其他資材則為一半的量。

3 整枝、引導

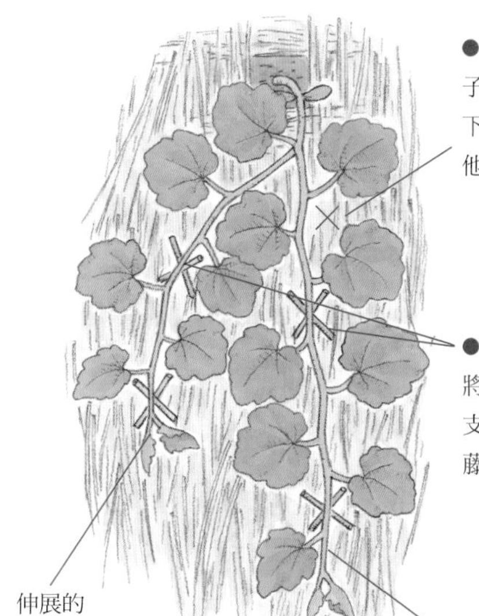

① 種植後，藤蔓若旺盛蔓延就進行整枝。為使南瓜結下壯碩的果實，僅留母蔓與1條子蔓生長繁衍，其他的子蔓從根部切除。

② 引導藤蔓往麥子的方向生長。

4 追肥

藤蔓旺盛伸展時，為促進生長，以每株30g的伯卡西肥對株根部追肥，肥料與土壤混合。

5 人工授粉

雌花開花時，為使雌花確實著果，進行人工授粉。將雄花的花瓣摘下，以雄花粉抹在雌蕊上。這項作業需在受精能力高的清晨進行。繫上寫有授粉日期的標籤，做為收穫的大致日期。

6 果實的保護

果實若接觸地面，這部分就會腐爛，或著色狀況不佳。果實開始長大時，在果實下方鋪上保護用薄片或稻草加以保護。

7 收穫

自授粉日起算，依品種成熟期，成熟時就採收。果實的蒂形呈軟木栓狀也可做為採收的標準。

葫蘆科

小玉西瓜

摘芯、整枝及摘果可收穫巨大果實

與南瓜一樣，為讓藤蔓有寬闊的匍匐爬行空間，種植麥子當覆蓋物（植生覆蓋物）取代稻草。

子蔓結的果實較多，因此，將母蔓的前端摘芯，讓子蔓伸展，雌花綻開時，進行人工授粉，以利確實著果。

小玉西瓜方面，收成的目標為每株3～4顆，結的果實超過這數量時會造成植株的負擔，甚至枯萎，因此，需儘早採收，並限制果實顆數。

1 定植

① 準備本葉4～5片的種苗。選擇連作障礙少且低溫也可種植的嫁接苗較佳。

② 在畦床的中央，以1m的間距挖掘植穴，種植種苗。為防止乾燥，在種苗的四周鋪設稻草。由於稻草有可能帶有病原菌，鋪設的時候儘量不要接觸到種苗。

2 植生覆蓋物

在藤蔓爬行的場地上（每株約1×2m的寬度）撒播麥的種子。以20cm的間距做成5cm左右的條播溝，並以2～3cm間隔撒播麥種。麥種播撒完畢後，用耙子耙土覆蓋種子後充分澆水。

行距中耕 順便鋤草

麥子的初期生長緩慢，輸給雜草的生長速度。因此，小玉西瓜發芽後，為避免麥子輸給雜草並順便除草，以三角鋤頭在行與行之間進行中耕。麥子長至10cm以上時，除去長得較大的雜草即可。

行距的中耕。將變硬的土壤翻鬆，具有使麥子根部伸展的效果。

DATA

栽培月曆　— 定植　— 收穫

月	1	2	3	4	5	6	7	8	9	10	11	12
寒冷地帶					定植	定植		收穫	收穫			
中間地帶					定植		收穫	收穫				
溫暖地帶				定植			收穫					

栽培資訊
科名：葫蘆科
連作障礙：有（間隔5年）
病害蟲：蚜蟲、黃守瓜蟲、二斑葉蟎、白粉病等

植株大小
株高：150～200cm
株距：100cm
作畦
畦床寬度70cm、走道寬度200cm

[1個月前]
有機石灰：100g/㎡
[2週前]
堆肥：1.5ℓ/㎡
伯卡西肥料：50g/㎡
微生物資材：150g/㎡

※植生覆蓋物部分施加同量的堆肥與伯卡西肥料，微生物資材則為一半的量。

有機栽培的管理祕訣

❶ 請使用連作障礙少且耐低溫的嫁接苗。
❷ 提早種植會因寒冷造成生長緩慢，請遵守種植的適當時期。
❸ 在藤蔓匍匐的場所鋪設植生覆蓋物。

3 摘芯、整枝、引導

整理藤蔓，以免發生交疊，並引往植生覆蓋物的方向伸展。

將母蔓第5節以上的前端摘掉（摘芯）。

4 追肥、培土

種植後，藤蔓伸展到50cm左右時，為使著果良好，以每株30g的伯卡西肥料對植株根部追肥，並進行培土。同樣地，果實長至乒乓球大時，進行第2次追肥及培土。

5 人工授粉、摘果

雌花開花時進行人工授粉。將開在第6～8節的雌花儘早摘除，並對長在第6節之前的第2花序以後的雌花進行人工授粉，讓雌花著果。收成的目標為每株3～4顆，因此，第5顆以上的果實需儘早摘下（摘果）。

6 果實的保護

果實開始長大時，在果實下方鋪上專用薄片或稻草加以保護。

7 收穫

自授粉日（人工授粉日）起算，依品種的收穫適期，用剪刀剪去蒂的部分進行採收。

葫蘆科

苦瓜

引導藤蔓均衡地往支架或網子攀爬

母蔓會長出許多條細子蔓，因此，需搭支架與園藝用網引導藤蔓攀爬。極耐熱，任其生長也可長得很好，但若欲形成漂亮的綠色簾子，就需很平均地毫無間隙地引導藤蔓。

母蔓攀爬到支架的頂點時就將前端摘芯，以利果實飽滿。自開花起經20～25日，果實長至品種特有的大小時，用剪刀進行採收。

1 定植

挑選本葉4～5片的種苗。以80cm的間距，在聚酯薄膜覆蓋物上挖掘植穴，種植種苗。

2 搭設支架、張網

為使藤蔓立體攀爬，如圖示，搭設長210～240cm的支柱，並鋪上10～24cm網目的園藝用網。

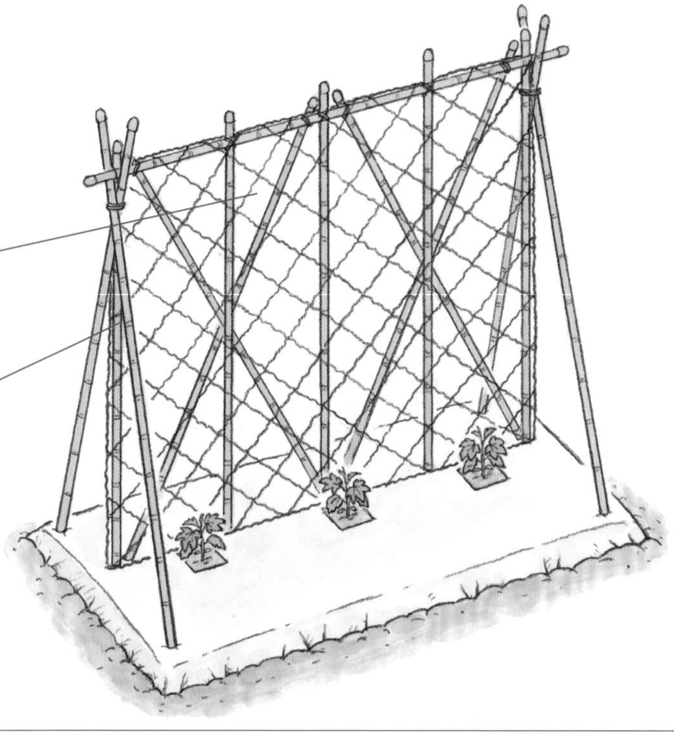

建議使用18cm網目的網更為適合。

長210～240cm的支柱

DATA

栽培月曆（— 定植 — 收穫）

月	1	2	3	4	5	6	7	8	9	10	11	12
寒冷地帶						定植	收穫	收穫	收穫			
中間地帶					定植		收穫	收穫	收穫	收穫		
溫暖地帶				定植		收穫	收穫	收穫				

栽培資訊

科名：葫蘆科

連作障礙：有（間隔2～3年）

病害蟲：蚜蟲、二斑葉蟎、白粉病等

植株大小

株高：200cm以上

株距：80cm　**行距**：70cm

作畦

畦床寬度70cm

（種植2行時100cm）

[2週前]

堆肥：1.5ℓ/㎡

伯卡西肥料：100g/㎡

苦楝油渣：50g/㎡

微生物資材：100g/㎡

有機栽培的管理祕訣

❶ 藤蔓會旺盛地伸展，鋪上網子讓它攀爬。

❷ 莖葉過於茂密時需適度修剪藤蔓。

❸ 儘早採收果實，減輕植株的負擔就可持續生長。

3 引導

蔓延的藤蔓引導至網子適合之處（交叉部分）。一伸展，從藤蔓長出的的捲鬚伸展就會自然纏住，但為避免藤蔓交疊影響到日照，請以放射狀平均引導。

4 摘除側芽、整枝、摘芯

藤蔓到達支柱頂端時，將前端摘芯，以利果實飽滿。

由下往上數至第4～5節，將側芽及花全部摘掉。藤蔓若過於茂密，將過於伸展的藤蔓剪掉，進行整枝。

5 追肥、中耕

開花後，開始著果時，以每2週1次，將伯卡西肥料撒在走道，並進行中耕。

6 收穫

果實長至該品種大小時用剪刀進行採收。

注意！避免過晚採收果實

苦瓜的果實一完熟就會變黃，所具有的苦味也會消失。若放任不採收，果實有時會破裂，需適時採收。在完熟果中的種子紅色果膠部分稍甜，可食用。

完全熟透裂果的苦瓜。裡面含有被紅色果膠物質所包圍的種子。

這種葫蘆科蔬菜也可種看看！

若要做成綠色簾子，建議栽培這種葫蘆科蔬菜。可與苦瓜同樣方式栽培。

絲瓜

味道淡薄的沖繩蔬菜。大多以嫩絲瓜炒味噌或涼拌食用。將植株根部切掉後流出的水可作為絲瓜露之用。在5月以後種植，嫩絲瓜在7月左右起為採收適期。

藤蔓密集生長很適合做成綠色簾子。

絲瓜的果實。味道淡薄，可油炒食用。

蛇瓜

與印度原產的王瓜同類，可長至達1m以上的細長果實。在地面匍匐生長時有如蛇盤成一團的樣子，因而得名。一般為觀賞用，但幼果可油炒食用或做為咖哩的材料。

淺綠色與白色條紋圖樣，是一種很獨特的蛇瓜果實。

白色纖細的蛇瓜花。

毛豆

豆科

少許的肥料就可豐收

在毛豆等豆科植物根部有與其共生的根瘤菌，這種細菌可固定空氣中的氮，並提供給毛豆，因此，施加少許的肥料就可長得很好。若肥分過多，就會只有莖葉茂盛，而果實生長不良，因此，減少基肥用量是重點所在。

將種子直接撒在菜園上很容易被鳥類吃掉，可用不織布等覆蓋。整體的豆莢膨脹時，請勿錯過採收時機。

1 播種

在聚酯薄膜覆蓋物上，以株距15cm、行距45cm的間距挖掘植穴種植。在每個穴各播3粒，種子之間留些間距，用手指頭壓入約3cm深處，覆土後壓實。最後充分澆水。

2 浮動式覆蓋

播種後，為避免種子被鳥食，用不織布等做成浮動式覆蓋，可保持鬆弛柔軟狀態，就不易遭受鳥害。取隧道式用支柱2根，各取120cm間距呈拱狀斜交叉豎立，製作成低隧道的骨架。在上面覆蓋不織布，邊緣部分用土覆蓋，再以固定器具加以固定。

3 間拔

在初生葉（雙子葉之後）之後所生出的本葉展開時為間拔的適合時期。將「浮動式覆蓋物」撤除，對生長狀況不良的苗株進行間拔，每穴留下2株。

4 追肥、培土

待本葉長出3～4片時，取苦楝油渣一撮從植株上面像要碰到莖葉一般稀疏撒下。在根部進行培土。

5 收穫

豆莢膨脹起來時，趁豆子還沒變硬，用剪刀將成熟的豆莢剪下，或整株拔起採收。

有機栽培的管理祕訣

❶ 連作會使生長變差，應避免。
❷ 植株倒伏會影響收穫量與品質，追肥後在植株根部進行培土。
❸ 欲使毛豆肥美，需避免土壤乾燥。

DATA

栽培月曆

••••溫暖地帶 ••••直播 ━定植 ━收穫

月	1	2	3	4	5	6	7	8	9	10	11	12
寒冷地帶												
中間地帶												
溫暖地帶												

栽培資訊
科名：豆科
連作障礙：有（間隔3～4年）
病害蟲：蚜蟲、大豆食心蟲等

植株大小
株高：60～80cm
株距：15cm　**行距**：45cm
作畦
畦床寬度70cm（種植2行時）

[1個月前]
有機石灰：40g/㎡
[2週前]
堆肥：1.5ℓ/㎡
伯卡西肥料：50g/㎡
微生物資材：50g/㎡

豆科

落花生

在子房柄長出前使土壤鬆軟

開花後，子房柄（Gynophore）在原開花處長出，並往下伸展插入土壤中，其前端形成果莢，因而取名為「落花生」。

與其他豆科蔬菜相同，需避免連作、減少基肥數量等，遵守這些事項，栽培就會很簡單。為使豆莢著生狀況良好，在開花時期進行培土，使土壤鬆軟，讓子房柄容易插入土中非常重要。其後，為避免傷到子房柄，請勿進行培土。

1 播種

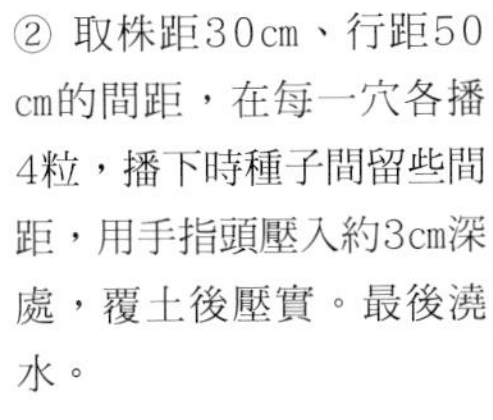

① 為使種子容易發芽，在水中泡一晚後再播種。

② 取株距30cm、行距50cm的間距，在每一穴各播4粒，播下時種子間留些間距，用手指頭壓入約3cm深處，覆土後壓實。最後澆水。

③ 為避免被鳥食，請以不織布進行直接覆蓋（參閱35頁），或以「浮動式覆蓋」（參閱70頁）。

2 間拔

在初生葉（雙子葉之後生出的葉子）展開時，撤除浮動式覆蓋物，選擇健康的株苗，間拔2株。間拔後為避免株苗搖晃，用手將土培在植株根部。

3 培土

花開始綻放時，為使子房柄容易潛入土中，將周圍雜草清除乾淨。用鋤頭輕鋤周圍，使土壤鬆軟，再將土培至植株根部。

4 收穫

葉子的一部分開始枯黃時就是收穫適期。試挖看看，豆莢的網目若很明顯就是收穫適期。用手抓植株根部並拉起，將根部朝上，在菜園曬乾數小時。留在土壤中的豆莢也可用手探尋並挖起。

有機栽培的管理祕訣

❶ 避免豆科蔬菜的連作。

❷ 為防止花生瘋長，需減少肥料用量。

❸ 為使子房柄容易插入土中需進行培土。

DATA

栽培月曆

栽培資訊
科名：豆科
連作障礙：有（間隔3～4年）
病害蟲：椿象、蚜蟲、瘡痂病等

植株大小
株高：20～30cm
株距：30cm **行距**：50cm
作畦
畦床寬度90cm（種植2行時）

[1個月前]
有機石灰：100g/㎡
[2週前]
堆肥：1.5ℓ/㎡
微生物資材：100g/㎡

豆科

四季豆

伸展藤蔓的有蔓品種需搭設支架培育

四季豆的品種依藤蔓的有無分為長蔓種及無蔓種（短蔓種）。長蔓種從播種到收穫的期間較無蔓種還長，但收穫期間長達1個月是其特徵。架設240cm長的支柱，讓藤蔓攀爬生長。

栽培的重點為避免連作，以及進行培土，以避免植株倒伏。此外，在開花期間需勤加澆水避免土壤乾燥，就容易生長豆莢。

1 播種

取株距30cm、行距45cm的間隔，在每一穴各播4粒，播下時種子間留些間距，用手指頭壓入約3cm深處，覆土後壓實。最後澆水。為避免遭受鳥害，請以「浮動式覆蓋」（參閱70頁）進行栽培。

2 間拔

在初生葉（雙子葉之後生出的葉子）展開時，選擇健康的株苗，間拔2株。其後不再間拔，以2株定植。

3 搭建支架

搭建合掌式支架。在距植株10cm之處，架設240cm長的支柱，在高1m處交叉。在交叉之處搭一根橫支架，用麻繩固定。

4 追肥、中耕

開花時，為促進豆莢生長，將30g/㎡的伯卡西肥料撒在走道，並進行中耕。種植長蔓種時，之後每隔2週進行同樣的追肥。

5 收穫

豆莢長度在15cm前後時觸摸豆莢，感覺裡面稍有一點豆子時，就可用剪刀採收。

有機栽培的管理祕訣

❶ 避免豆科蔬菜的連作。
❷ 植株倒伏會影響收穫量與品質，需進行培土。
❸ 為使豆莢著果良好，在開花期間需勤加澆水。

DATA

栽培月曆　‧‧‧‧ 播種　── 收穫

月	1	2	3	4	5	6	7	8	9	10	11	12
寒冷地帶					播種		收穫	收穫	收穫			
中間地帶					播種	收穫	收穫、播種		收穫	收穫		
溫暖地帶				播種		收穫		播種		收穫	收穫	

栽培資訊
科名：豆科
連作障礙：有（間隔2～3年）
病害蟲：蚜蟲、二斑葉蟎、白粉病、花葉病等

植株大小
株高：200cm以上
株距：30cm　**行距**：45cm
作畦
畦床寬度70cm（播種2行時）

[1個月前]
有機石灰：40g/㎡
[2週前]
堆肥：1.5ℓ/㎡
伯卡西肥料：50g/㎡
微生物資材：50g/㎡

豆科

三尺青皮

搭建支架讓藤蔓攀爬 可採收到很長的豆莢

三尺青皮是使用於紅豆飯的紅豆同類，嫩豆莢可採收食用。脆嫩可口的豆莢長達30cm是其特徵。由於蔓藤會往上伸展，需豎立支柱讓它垂直攀爬。

三尺青皮開花後像簾子一般垂下，趁豆莢未變硬前採收。在旺盛期會不斷結成豆莢，需注意肥料與水分會否不足以及勤加採收，讓植株不會感到疲乏非常重要。

1 播種

① 在畦床中央以株距40cm、行距50cm，挖一條深約1cm的播穴。
② 在每一穴各播4粒，播下時種子間留些間距，用手指頭壓入約2cm深處，覆土後壓實。最後澆水。以不織布的「浮動式覆蓋」進行栽培（參閱70頁）。

2 間拔

初生葉展開時，撤除浮動式覆蓋物，選擇健康的株苗，間拔2株（照片）。待本葉長出2～3片時同樣間拔1株。間拔後為避免株苗搖晃，將土培到植株根部。

3 搭建支架 拉上繩子

第2次間拔後，在距植株10cm之處，垂直豎立長約2m的支柱，並斜搭一根支柱加以固定，以免搖晃。距地面30cm的間隔，拉一條繩子讓藤蔓攀爬。

4 追肥、培土

開始開花後，將30g/㎡的伯卡西肥料撒在植株根部並培土。之後每隔2週進行追肥與培土。

5 收穫

豆莢長到30cm前後時，用剪刀採收。若過晚採收豆莢會變硬，因此需趁脆嫩時儘早盡早採收。

DATA

栽培月曆　　‧‧‧‧ 播種　━ 收穫

月	1	2	3	4	5	6	7	8	9	10	11	12
寒冷地帶												
中間地帶												
溫暖地帶												

栽培資訊
科名：豆科
連作障礙：有（間隔2～3年）
病害蟲：蚜蟲、二斑葉蟎、白粉病等

植株大小
株高：200cm以上
株距：40cm　**行距**：50cm
作畦
畦床寬度70cm
（種植2行時90cm）

[1個月前]
有機石灰：40g/㎡
[2週前]
堆肥：1.5ℓ/㎡
伯卡西肥料：50g/㎡
微生物資材：50g/㎡

有機栽培的管理祕訣

❶ 避免豆科蔬菜的連作。
❷ 由於藤蔓會茂盛伸展，株距設40cm。
❸ 豆莢會陸續著果，需定期追肥以補充肥分。

豌豆

豆科

在藤蔓長出前，鋪設簾狀的網子

豌豆有豆莢扁平的荷蘭豆、圓身的甜脆豌豆（Snap Pea）及青豆仁等3種。每一種都是以本葉長出2～3片時最耐寒冷，因此，越冬中的植株需注意其大小。

植株曝露在寒霜或寒風中很容易受傷，因此，可搭設竹籬或不織布的隧道式禦寒。在翌春可儘早盡早搭建支架，並鋪上園藝用網讓藤蔓攀爬。

1 播種

在畦床的中央以30cm的間隔，挖深約3cm的播穴，在每一穴各播種3粒種子。將土覆在種子上，用手輕壓。

2 直接覆蓋

剛播種的種子很容易被鳥啄食，發芽前可使用覆蓋不織布的直接覆蓋法（參閱35頁）即可防鳥害。

3 防寒

① 在嚴寒地區為防寒害，在植株的北面（或西側）以長約2m的竹子，取30cm之間距搭設竹籬防寒。

② 將竹子斜插，讓竹葉在豌豆植株的上方，可避免被寒霜直接打到。

竹籬以外的防寒方法

竹子不容易取得時，可使用不織布覆蓋的隧道式防寒。

在畦床的旁邊，以50～60cm間距搭設隧道式支架，橫跨過畦面搭建骨架。再將不織布覆蓋在上面，為避免被風吹走，在邊緣部分用土壓住，或用栓固定住。在冬天期間就一直覆蓋著。

DATA

栽培月曆　……播種　——收穫

月	1	2	3	4	5	6	7	8	9	10	11	12
寒冷地帶			……	……	……	——	——					
中間地帶				——	——					……	……	
溫暖地帶			——	——	——						……	

栽培資訊
科名：豆科
連作障礙：有（間隔5年）
病害蟲：蚜蟲、潛蠅、白粉病、褐斑病等

植株大小
株高：150～200cm
株距：30cm
作畦
畦床寬度70cm、走道寬度50cm

[1個月前]
有機石灰：60g/㎡
[2週前]
堆肥：1ℓ/㎡
微生物資材：100g/㎡

有機栽培的管理祕訣

❶ 不耐連作，選擇最少3～4年中未栽培過豆科蔬菜的園地。
❷ 需注意越冬時的植株大小（最好本葉已長出2～3片）。
❸ 為使豆莢著果狀況良好，在初春進行追肥及培土。

4 設立暫時支柱

於2月下旬～3月上旬，將竹籬或不織布的隧道覆蓋物等防寒用資材撤除。為避免植株被風吹搖晃，將長約30cm的竹棒以十字形插在每一植株旁。

5 追肥、培土

設立暫時支架的同時，在植株周圍以伯卡西肥料50g/㎡進行追肥及培土。

6 搭支架張網

① 在藤蔓開始伸展前，將園藝用網搭設成簾狀。首先豎立240cm的支柱後鋪上10～20cm網目的園藝用網。

② 用麻繩等將網子固定在支架上。網子若鬆弛，植株會因風吹搖晃而不穩定，因此，需邊拉網邊將網繃緊乃是祕訣所在。

③ 斜斜豎立補強用支柱後就搭設完成。

7 收穫

照片為荷蘭豆。長至該品種大小時，在豆莢內的豆子還未明顯膨脹起來時，陸續用剪刀採收。

收穫適期依種類而異

豆子可連豆莢一起吃的甜脆豌豆，豆莢若膨脹起來就可採收。趁綠色鮮豔時收成。只吃豆子部分的青豆仁（Green Peas）的豆子變肥胖，在豆莢表面開始出現皺褶時為收穫適期。不論是哪種豌豆，豆莢若過熟就不鮮甜，因此，請勿錯過可口的時機，儘早盡早採收。

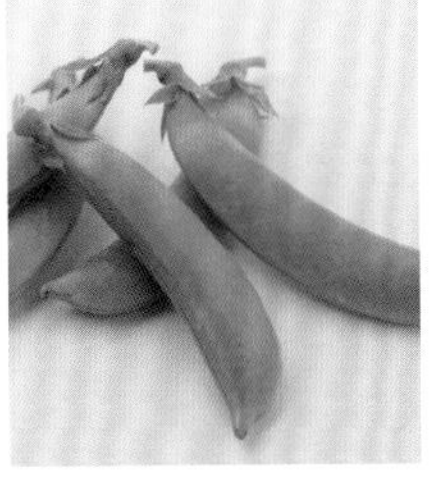

荷蘭豆

青豆仁

蠶豆

豆科

以本葉長出5片的植株大小越冬

花芽會在寒冬時長出，因此，在秋天播種，翌年的初夏收穫，這是一般的栽培方法。

本葉約長出5片的植株大小最耐寒，若更大些則會受到寒冷影響而發育不良，有時也會枯萎。

為以適當的大小越冬，請遵照播種時期。翌春再度開始成長時進行追肥、整枝及摘葉等，以促使豆莢肥美。

1 播種

挖3cm深的播穴，取30cm間距於每穴播2～3粒。將黑色眉狀的種臍（種子橫向黑色條紋）朝下，傾斜按入土壤中，再覆上厚2cm左右的土，用手壓實。

2 直接覆蓋

為避免種子發芽前就被鳥吃掉，可預先鋪設以不織布覆蓋的「直接覆蓋」（參閱35頁）。等發芽長齊時就可將覆蓋物撤除。

3 間拔

待本葉長出2片時，用剪刀將生長不良的株苗貼著地面剪掉，形成1株生長。

4 防寒

在嚴寒地區為防寒害，在植株北面（或西側）以長約2m的竹子，取30cm之間距搭設竹籬防寒。若無竹子時，可使用不織布覆蓋的隧道式防寒也OK。

將黑色眉狀種臍朝下種植

蠶豆種子的芽及根會從稱為種臍的地方長出，因此，為使其順利發芽，必須將黑色眉狀的部分斜向下。若是以橫向播種，芽就會呈直角彎曲長出，造成生長不良。此外，播種時，種子的方向亦應注意（參閱右圖）。

將凹入部分斜向上

黑色眉狀

將稍凹入部分（厚度較薄的那面）斜向上，可使發芽更順利。

DATA

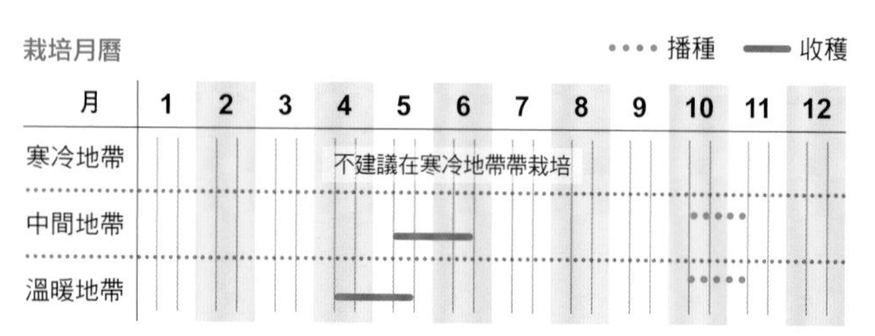

栽培月曆　····播種　━收穫

月	1	2	3	4	5	6	7	8	9	10	11	12
寒冷地帶	不建議在寒冷地帶帶栽培											
中間地帶					━	━				····		
溫暖地帶				━	━					····		

栽培資訊
科名：豆科
連作障礙：有（間隔5年）
病害蟲：蚜蟲、立枯病（Citrus greening）、莖腐病等

植株大小
株高：70cm
株距：30cm
作畦
畦床寬度50cm、走道寬度40cm

[1個月前]
有機石灰：15g/㎡
[2週前]
堆肥：1ℓ/㎡
伯卡西肥料：100g/㎡

有機栽培的管理祕訣

❶ 不耐連作。選擇在4～5年中未栽培過豆科蔬菜的園地。
❷ 以本葉已長出5片的植株大小進行越冬，並遵照播種時期。
❸ 為驅除在開花時期容易附著的芽蟲，將前端部分進行摘葉。

5 追肥、培土

於2月下旬～3月上旬，將防寒用資材撤除。以伯卡西肥料50g/㎡進行追肥。為預防植株倒伏，勿忘進行培土。

6 整枝、培土、搭支架

植株高度長至30cm以上時，為使植株結下肥大的豆莢需進行整枝。修剪成每株的枝數6支左右，留下粗枝，其餘從基部切除（整枝）。

為避免枝莖伏倒，用鋤頭將土充分培至根部。

豆莢長出後，枝莖因豆莢重量而容易伏倒，因此，在植株旁豎立長120cm的支柱，用麻繩將植株環繞引導往支柱生長。

7 摘葉

植株長至50～60cm高時，用剪刀將各枝前端算起10cm處切除。為防止倒伏的同時，由於蚜蟲容易附著在莖枝的前端，將前端剪掉也同時具有預防受害的效果。

開花期間注意蚜蟲

初春氣溫一上升，蚜蟲就會群聚在蠶豆的枝頭。若不處理，植株生長勢就會變弱，導致影響豆莢的成長，儘早盡早防治非常重要。即使摘葉（參閱上文）後蚜蟲也仍然存在時，可用黏蟲膠帶讓蚜蟲黏著後除去。

附著在蠶豆的芽蟲。儘早盡早防治非常重要。

8 收穫

收穫適期的蠶豆。朝上生長的豆莢因重量而垂下，可由這部分依序採收。

豆莢朝下時，用剪刀採收。

禾本科

玉米

兩次的追肥與培土種出碩大甜美的果實

玉米的花為風媒花（利用風媒介後受粉的花），其雌花與雄花長在同株但不同位置，因此，為使容易受粉，需種植2行以上。

植株若伏倒，品質便會低落，因此，在間拔或追肥後需確實培土，不摘取側芽為栽培重點。

玉米鬚長出約3週後轉變為褐色時即可採收。最美味的時期很短暫，請勿錯過採收時機。

1 播種

以行距45cm、株距30cm的間距，在聚酯薄膜覆蓋物上挖穴播種。在每個穴各播3粒，播下時，種子之間留點間距，用手指頭壓入約3cm深處，覆土後用手壓實。最後充分澆水。

2 浮動式覆蓋

播種後為防鳥食防鳥啄食，以不織布覆蓋在畦床上進行「浮動式覆蓋」栽培。將隧道式用支柱各2支，取120cm間隔呈拱狀斜交叉豎立，製作成低隧道的骨架。在上面覆蓋不織布，為避免被風吹搖動，在兩側與旁邊用土覆蓋不織布邊緣，或以固定器具固定。

3 間拔

待本葉長出5～6片時，將「浮動式覆蓋物」撤除。若很多植株的生育生長齊一，產生雄穗的時間一致，就很容易受粉。因此，將生長過快與遲緩的株苗進行間拔，以一穴一株栽培。側芽則留下，不需摘除。

注意有關做為爆米花原料之品種與馬齒玉米等之雜交

玉米中，若將用來做為零食材料的「爆米花」、做為玉米澱粉原料的馬齒玉米（dent corn）以及如糯米具有黏性的「糯米玉米」一起栽培時會產生雜交，導致品質低落，味道盡失的情形。據說玉米的花粉利用風吹的飛行距離達300m以上。若是相同的甜玉米同類問題較少，但若是不同品種在鄰近栽培則應避開。

DATA

栽培月曆　……播種　━━收穫

月	1	2	3	4	5	6	7	8	9	10	11	12
寒冷地帶					……	……		━━	━━			
中間地帶				……	……		━━	━━				
溫暖地帶				……	……		━━	━━				

栽培資訊
科名：禾本科
連作障礙：少（間隔1～2年）
病害蟲：蚜蟲、亞洲玉米螟、椿象等

植株大小
株高：150～180cm
株距：30cm　**行距**：45cm
作畦
畦床寬度70cm（播種2行時）

[1個月前] **有機石灰**：60g/㎡
[2週前]
堆肥：1.5ℓ/㎡
伯卡西肥料：100g/㎡
苦楝油渣：100g/㎡
微生物資材：100g/㎡

有機栽培的管理祕訣

❶ 發芽的適合溫度很高（25～30℃），以聚酯薄膜覆蓋物覆蓋可提高土壤溫度。
❷ 為讓花粉確實碰到玉米鬚，並非僅種植一行，而是需集中2行種植。
❸「一穴一株」可使日照充足，生長狀況良好。

4 追肥、培土

第1次

取一撮苦楝油渣撒布在植株的周圍。用手將土充分培到植株根部。

第2次以後

將聚酯薄膜覆蓋物撤除後，在行距間每株撒上伯卡西肥料30g，用鋤頭將土培至根部。雄穗長出來時，取2撮苦楝油渣從雄穗的上方如要撒入葉間般撒布。

株高50cm左右時，將聚酯薄膜覆蓋物撤除

玉米株長高時容易被風吹倒。莖若伏倒，所結的果實就會變差，因此，將土充分培到植株根部，預防伏倒。若一直鋪設著覆蓋物，則不易培土，因此，待本葉長到5～6片時（株高50cm左右），將覆蓋物撤除，需避免傷到莖葉。

生長中的玉米。長至株高50cm左右時，將覆蓋物撤除，並充分培土，以防植株伏倒。

5 除穗

① 為讓最上面的雌穗飽滿，並避免傷到莖葉，將下方的雌穗從基部切除。

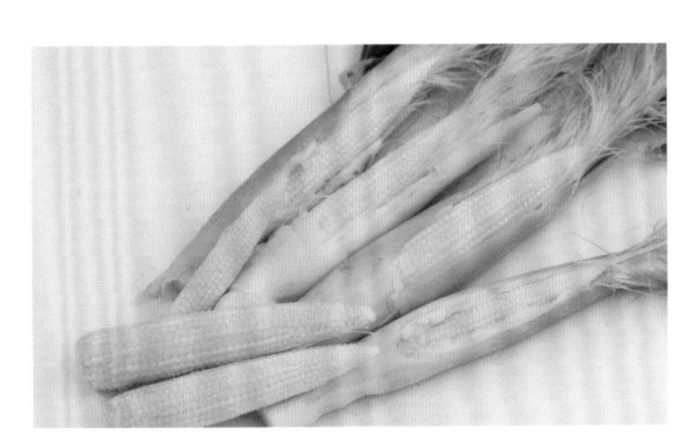

② 雌穗的鬚長出來時進行除穗，可做為小玉米穗享用。

6 雄穗

為防範亞洲玉米螟危害，將已完成受粉任務的雄穗切除，拿到菜園外處理。

小心亞洲玉米螟的危害

已採收的玉米若有蟲咬的痕跡，可認為這是被亞洲玉米螟所啃傷。幼蟲發生於6月左右，由雄穗經過莖進入果實，因此，將已完成授粉的雄穗切掉，以防止受害。若發現莖上有孔，或葉子基部有白粉，就是有幼蟲潛伏的跡象，發現後就捕殺。

亞洲玉米螟危害的玉米果實。

7 收穫

玉米鬚長出後經3週左右，轉成茶褐色時就是收穫適期。

採收時，手抓著果實，使玉米莖傾斜，再將果實採下。玉米香甜可口的時間短暫，請留意儘早盡早採收。

薔薇科

草莓

選擇容易栽培的品種，以淺植方式，勿將冠環（crown）埋沒

草莓於10月定植，越冬後於翌春採收。品種相當多，其中特別推薦露天栽培的「寶交早生」品種。種植時，位於前端的生長點，稱為冠環（crown）的叢生狀（rosette）走莖部分請勿埋在土中，淺植即可。

於翌春2月下旬進行追肥，並中耕後鋪設覆蓋物。初春氣溫仍低，可幫助受粉的昆蟲很少，因此，開花時需進行人工授粉。

1 定植

① 行距設為30～40cm，苗距為30cm，將草莓並排暫置，再挖深約10cm的植穴。

② 將根部長出有走莖跡象的部分面向畦床內側定植。這是因草莓果實係結在相反方向，這樣種植較易於採收。若將冠環部分埋入土中會不利於生長，必須注意勿深植。

走莖的跡象

2 越冬

越冬中的草莓。極耐寒冷，但不耐乾燥，若長期間沒下雨，土壤乾燥時就需充分澆水。

時常摘掉枯葉並進行中耕

越冬中，變成茶褐色的枯葉或受傷的葉子若未及時摘掉，將會成為病害蟲發生的根源，發現時，請儘速盡速摘除。此外，不時用三角鋤頭等將變硬的土壤表面輕輕翻鬆，除了除草外，也可使根的生長良好。

有機栽培的管理祕訣

❶ 草莓不耐乾燥，土壤乾燥時需要充分澆水。

❷ 為防病害蟲，請勤快去除枯葉及變成茶褐色的葉子，並於2月下旬鋪設覆蓋物。

❸ 為提高著果率，開花時進行人工授粉。

DATA

栽培月曆　— 定植　— 收穫

月	1	2	3	4	5	6	7	8	9	10	11	12
寒冷地帶												
中間地帶												
溫暖地帶												

栽培資訊
科名：薔薇科
連作障礙：有（間隔3～4年）
病害蟲：蚜蟲、白粉病、灰黴病、白斑病等

植株大小
株高：20～30cm
株距：30cm　**行距**：30～40cm
作畦
畦床寬度70cm（播種2行時）

[2週前]
堆肥：1.5ℓ/㎡
伯卡西肥料：100g/㎡
苦楝油渣：100g/㎡
微生物資材：100g/㎡

3 追肥、中耕

2月下旬左右，為使草莓結成纍纍的果實，以伯卡西肥料50g/㎡進行追肥。

將周圍輕輕中耕，並兼除草，將在冬季期間潰散的畦床回復原狀。

4 鋪設覆蓋物

下雨時草莓若被泥水濺到很容易生病，需鋪設黑色塑膠覆蓋物保護。將覆蓋物鋪在草莓畦床上面，並用土壤覆蓋邊緣。在植株上的覆蓋物上開洞，將草莓葉子拉到覆蓋物上面，勿傷到葉子。

5 人工授粉

開花時，使用柔軟的毛筆輕掃雌蕊（花的中央），進行人工授粉。如此就可採收到外形漂亮的纍纍果實。

6 收穫

果實呈紅色時用剪刀採收。

收穫結束前摘除走莖

春天時走莖伸展蔓延，收穫結束前，為使養分集中果實，可由基部切除。育苗用的走莖於8月左右陸續伸展蔓延，在此時期切掉並不會有問題。

在收穫完全結束前，將伸展的走莖切掉。

7 育苗

欲培育翌年用的種苗時，在收穫後每1㎡留下一株，其餘切除，並將覆蓋物撤除。在植株的周圍撒上伯卡西肥料50g/㎡，並進行中耕，使走莖往四面伸展。

長在各走莖上第2個以後的子株，當本葉長出4片時就挖出來種在花盆中，培育至10月的定植時期。

錦葵科

秋葵

定期追肥與鋪設稻草可使秋葵果莢生長良好

秋葵性喜高溫多濕，在夏天的炎熱季節也可旺盛生長。市售的種苗很容易買到，但也可自行培育種苗後種植。在花盆內播種3～5粒種子，培育至本葉長出2～3片。

秋葵有五角秋葵與圓形秋葵等品種，圓形秋葵採收即使有些延遲，但不會變硬是其特徵。

栽培時，定期追肥與鋪設防止乾燥的稻草，可使秋葵果莢生長良好，這是栽培的重點。

1 定植

準備本葉2～3片的種苗，以株距30cm、行距45cm進行定植。移植時，為恐傷到株苗，還不間拔，以每穴3～5株定植。秋葵係以1根粗根伸展的直根性，若傷到根部會造成枯萎，移植時需注意。

2 收穫前的管理

● 間拔

定植後，著實紮根且植株往上生長時，留下2株茁壯的株苗，其他間拔。待本葉長出5～6片時，將較弱的1株間拔，以每穴1株栽培。

● 追肥、培土

自第2次間拔起的2週後，將伯卡西肥料30g/㎡撒在植株周圍並培土。

● 鋪設稻草

土壤若乾燥，著果就會變差，生長狀況也會遲緩，在植株周圍鋪設稻草，可預防乾燥。土壤乾燥時需充分澆水。

3 收穫

五角秋葵的果莢長度達7～8cm時採收。晚點採收時果莢就會變硬，儘早採收是栽培的祕訣。

採收後除去下方的葉子

開始採收時將下方葉子摘除，進行「摘葉」，可使通風及日照充足。果莢採收後，將位於其正下方的葉子留下1～2片，之下的葉子全部摘除。收穫與摘葉同時進行無妨。

此葉留下。

其下方的葉子全部摘除。

收穫的果莢

DATA

栽培月曆

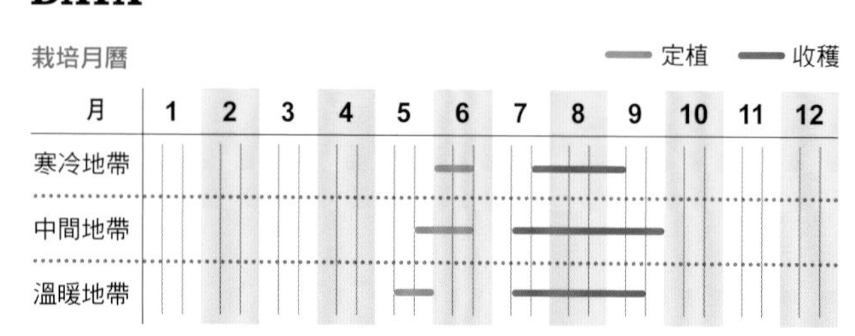

栽培資訊

科名：錦葵科

連作障礙：有（間隔1～2年）

病害蟲：蚜蟲、椿象、白粉病等

植株大小

株高：120～150cm

株距：30cm　**行距**：45cm

作畦

畦床寬度70cm（播種2行時）

[2週前]

堆肥：1.5ℓ/㎡

伯卡西肥料：100g/㎡

苦楝油渣：150g/㎡

有機栽培的管理祕訣

❶ 秋葵性喜高溫，在氣溫變熱的5月下旬以後種植。

❷ 為使果莢生長狀況良好，每隔2週進行追肥與培土。

❸ 果莢採收時每次均進行「摘葉」，可使通風與日照充足。

栽培篇
根莖類

● 有關使用於土壤培肥的資材，請參閱18～21頁。
● 土壤培肥與作畦的具體方法，請參閱24～25頁。
● 管理作業的詳情，請參閱28～49頁。

馬鈴薯

適時摘芽與培土可提升馬鈴薯的品質

偏好涼爽氣候的馬鈴薯可進行春作與秋作，為二期作物。從定植到收穫僅需短短的3個月左右，而且不需投入太多人力，新手也很容易就可上手的一種蔬菜。

品種有鬆軟型、結實型之外，也有表皮呈紅色或紫色的馬鈴薯，種類多樣豐富，各試種一些也可樂在其中。高明的栽培方式為進行摘芽，可使每顆馬鈴薯都長得肥美，以及進行兩次培土，防止馬鈴薯綠化為重點。

1 種薯的準備工作

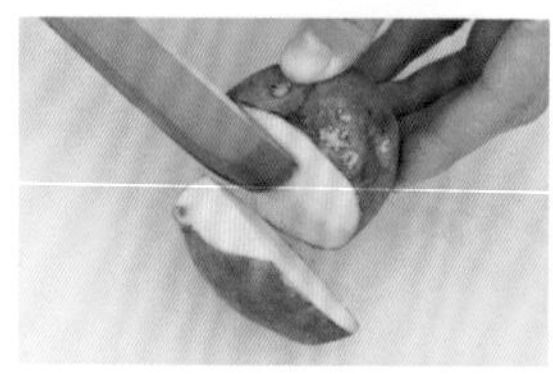

拿到種薯後，用菜刀切下1塊重約50g，上面長有1～2芽的薯塊。這時與頂部凹陷處（圖上。長地下莖，稱為走莖的部分）反方向的另一側會長出很多芽，因此，將凹陷處朝下縱切即可。

切面保持乾燥

為防止腐爛，將切下的馬鈴薯切面放在陰涼處乾燥。切面不可塗滿灰塵等。

切面向上陰乾。

2 定植

① 在畦床的中央挖一條深約15cm的植溝，撒上堆肥與伯卡西肥料。

② 在堆肥與伯卡西肥料上面，埋回約5～6cm的土壤。

③ 將種薯的切面朝下，以30cm的間距定植。以腳當量尺，邊測量間距邊種植。以腳後跟輕踏種薯，使與土壤密合。在種薯上面覆上厚5～6cm的土壤，並將畦面整平。

有機栽培的管理祕訣

❶ 食用的馬鈴薯有時會被病毒感染，請使用市售的種薯。

❷ pH6.0～6.5的土壤最適合，高於7.1會出現瘡痂病。

❸ 由於容易罹患瘡痂病及青枯病，請避免連作。

DATA

栽培月曆　— 定植　— 收穫

月	1	2	3	4	5	6	7	8	9	10	11	12
寒冷地帶				定植（下旬）	定植（上旬）			收穫（下旬）	收穫（上～中旬）			
中間地帶		定植（下旬）	定植			收穫（中～下旬）	收穫	定植（中～下旬）			收穫（中～下旬）	收穫（上旬）
溫暖地帶		定植			收穫（中～下旬）				定植（上～中旬）		收穫（下旬）	收穫（上～中旬）

栽培資訊
科名：茄科
連作障礙：有（間隔3～4年）
病害蟲：蚜蟲、偽瓢蟲、瘡痂病等

植株大小
株高：50～60cm
株距：30cm
作畦
畦床寬度70cm

［定植時］※植溝施肥
堆肥：1.0ℓ/㎡
伯卡西肥料：150g/㎡

3 摘芽

待芽長至10cm左右時，就每株生長勢強壯的芽留下2根，其餘從基部摘除。此時，因每個種薯均需摘芽，需用一隻手牢牢地按住植株根部。

為何要摘芽呢？

芽若生長很多時，相對地，在地中生長的莖數也會增加，雖然可形成很多馬鈴薯，但養分會被分散，每個馬鈴薯都會變小。將芽摘除，使莖數減少，就可形成M～L大小的馬鈴薯。反之，若僅剩1根芽時，則會長成巨大但中空的馬鈴薯。

4 追肥、培土

第1次

株高20cm時，在植株周圍，以畦床長度每$1m^2$撒上伯卡西肥料30g後，將土培至植株根部。

第2次以後

距第1次追肥的2週後進行第2次追肥與培土。馬鈴薯長在種薯之上，因此，2次追肥時儘量將畦床培高。馬鈴薯若露出土壤表面，一照到陽光就會變成綠色，形成龍葵素（solanine）之有毒物質，務必充分培土。

5 收穫

① 定植約3個月後，葉子顏色變成黃色時就是收穫的時機。

② 用鏟子將周圍的土壤掘鬆後，再由植株根部拔出。用手挖出留在地中的馬鈴薯。

秋薯的栽培重點

除寒冷地帶外，在溫暖地帶亦可進行秋作。秋作培育時須遵守以下重點。

①選擇適合於秋作的品種（「出島」、「普賢丸」、「紅安迪斯(Red Andes)」）。

②遵守定植時期（中間地帶為8月下旬～9月上旬）。

③高溫種植時，切面容易腐爛，請選擇小型的種薯，不需切塊就可種植。

芋頭科

芋頭

喜好高溫多濕的蔬菜 鋪設稻草以防乾燥

原產於熱帶的蔬菜，以種芋種植培育。依品種主要有食用子芋、食用母芋或兩者都可食用的品種。

種芋的良窳左右生育生長，因此，選擇重量1顆約60g、形狀漂亮、沒受傷或腐爛的種芋。

喜好高溫多濕，一乾燥，芋頭就不會肥大。夏天時，在植株根部敷設稻草，土壤若乾燥時就充分澆水是栽培重點。

1 定植

① 在畦床的中央挖一條寬15cm、深12cm的植溝。將種芋芽的部分朝上，間隔40cm進行定植。在芋頭與芋頭之間放置堆肥與伯卡西肥料，需避免碰到種芋。

② 在芋頭上覆蓋厚約7cm的土壤，並將表面整平。不需澆水。

2 追肥、培土

種植1個月後，每月1次在植株根部撒上伯卡西肥料50g/㎡，並培土。

3 鋪設稻草

為使芋頭長得肥美，在梅雨結束前，用稻草鋪在植株根部，以防乾燥。乾燥時就充分澆水。

4 收穫

芋頭不耐寒，冬季難以栽培，在10月左右起需儘早盡早採收，在霜降前可分數次收穫。在距地面約10cm處用刀子將莖切下，再用鏟子將土掘鬆後挖出。將土輕輕拍掉，並將子芋與母芋分開。

有機栽培的管理祕訣

❶ 選擇1顆約60g、沒受傷、呈膨大狀、堅硬結實的種芋。

❷ 每月1次進行追肥與培土，使芋頭肥美。

❸ 不耐乾燥，可鋪設稻草，以防水分蒸發。乾燥持續時需勤加澆水。

DATA

栽培月曆　— 定植　— 收穫

月	1	2	3	4	5	6	7	8	9	10	11	12
寒冷地帶				定植	定植					收穫	收穫	
中間地帶				定植						收穫	收穫	收穫
溫暖地帶	收穫		定植						收穫	收穫	收穫	收穫

栽培資訊
科名：芋頭科
連作障礙：有（間隔3～4年）
病害蟲：蚜蟲、斜紋夜盜蟲、黑斑病等

植株大小
株高：100cm
株距：40cm
作畦
畦床寬度60cm、走道寬度30cm

[1個月前] **堆肥**：1ℓ/㎡
伯卡西肥料：30g/㎡
微生物資材：50g/㎡
[定植時] ※置肥
堆肥：0.5ℓ/㎡
伯卡西肥料：70g/㎡

旋花科

地瓜

地瓜在地中肥大，以高度約20cm的高畦栽培

將地瓜藤剪下一小段做為「扦插苗」插入土中，這是一般的栽培法。由扦插苗的節長出的根會形成地瓜，因此，儘量選擇節數較多的苗定植。氮肥過多時，只有地瓜藤會伸展，而地瓜不會長胖，形成「蔓瘋長」，因此，基肥的控制是祕訣所在。

不需追肥。地瓜藤覆蓋著整個畦床時，進行培土兼除草整地，藤的一部分變枯黃時，在霜降前採收。

1 定植

① 地瓜的扦插苗。根由插入土中的節長出，因此，宜選擇節間短且節數較多的苗種植。多少會有些枯萎，但不會有問題。儘量選擇莖節粗大、茁壯的種苗。

② 作成高20cm、如魚糕狀的畦床，在中間以30～33cm的株距，挖深約10cm的植穴後將種苗放入橫置。此時，將根部朝北（或西），前端朝南（或東）。將葉身露出地面，節的部分則埋入土中，並充分澆水。

2 培土

定植一個月後每月1次以鋤頭培土至植株根部，兼具除草、整地（畦床因風雨而崩落）之效果。

3 收穫

部分的藤變枯黃時就是收穫適期。用鐮刀將地面上的藤割掉。為避免傷到地瓜，可用鋤頭或鏟子插入鬆土，並順著藤握著植株根部，將地瓜拔出。採收需在霜降前完成。採收後用報紙等包裹起來，約2週左右進行催熟，可提高甜度。

有機栽培的管理祕訣

❶ 為防止蔓瘋長，需控制基肥。
❷ 畦床盡可能培高。
❸ 禁止提早種植。最低氣溫在12℃以上後才種植。

DATA

栽培月曆（— 定植　— 收穫）

月	1	2	3	4	5	6	7	8	9	10	11	12
寒冷地帶					定植	定植				收穫		
中間地帶					定植	定植			收穫	收穫	收穫	
溫暖地帶					定植	定植			收穫	收穫	收穫	

栽培資訊
科名：旋花科
連作障礙：少（間隔1～2年）
病害蟲：金龜子幼蟲、線蟲動物、黑斑病等

植株大小
株高：30cm
株距：30cm　**行距**：80cm
作畦
畦床寬度80cm

[2週前] ※植溝施肥
草木灰：50g/㎡
堆肥：1.5ℓ/㎡
伯卡西肥料：10g/㎡

繖形花科

紅蘿蔔

發芽前需避免土壤乾燥 以確保紅蘿蔔發芽

有人認為，紅蘿蔔「發芽就是成功的一半」，可見要讓紅蘿蔔發芽並不容易。因此，播種後，為避免土壤乾燥，使用稻殼覆蓋在土壤表面，發芽之前須勤加澆水，勿使土壤乾燥非常重要。欲讓根部肥大需進行兩次間拔，以擴大株距；進行追肥及培土，以補充養分。

播種後經約110日為收穫適期。太晚收成根部會裂開，因此，從較肥大者陸續採收。

也可利用間距7～8cm的點播

沒有被覆的種子很難以精確地以等間隔播種，因此，建議以點播方式進行播種。以7～8cm間距，在每一處各播4～5粒，可使發芽及其後的生長良好。

1 播種

① 儘量將畦面整平，行距為40cm，挖寬約2～3cm、深1cm的播溝2條。播溝可以直徑20mm的支柱，或9平方公分的角材推土作成。

② 以2～3mm間距作成條播（照片中的被覆種子係以1cm間距播種）。以5mm的厚度覆土後用腳踩踏實，或以鋤頭的背面用力壓實。

③ 為防止乾燥，撒上薄薄一層稻殼覆蓋表面。以裝有蓮蓬頭的灑水壺充分澆水。發芽之前需勤加澆水，避免土壤乾燥。使用被覆種子時，需澆更多水。

有機栽培的管理祕訣

1. 為使發芽齊一，播種前後需確實壓實土壤。
2. 初期成長遲緩，為避免輸給雜草的生長勢，需勤加除草。
3. 根的肩部長出地上時就會綠化，需將土培至植株根部。

DATA

栽培月曆　····播種　━收穫

月	1	2	3	4	5	6	7	8	9	10	11	12
寒冷地帶					播種	播種		收穫	收穫	收穫		
中間地帶			播種	播種		收穫	收穫、播種	播種	收穫	收穫	收穫	收穫
溫暖地帶	收穫	收穫、播種	收穫、播種			收穫		播種	播種		收穫	收穫

栽培資訊
科名：繖形花科
連作障礙：有（間隔2～3年）
病害蟲：蚜蟲、黃鳳蝶幼蟲、白粉病等

植株大小
株高：30cm
株距：8～12cm　**行距**：40cm
作畦
畦床寬度70cm

[1個月前]
堆肥：1ℓ/㎡
[2週前]
微生物資材：150g/㎡

2 間拔、追肥、中耕、培土

第1次

① 為使根莖肥大，於本葉3～4片時進行間拔，使株距成為2～4cm。土壤乾燥時，先澆水較容易間拔。

② 間拔後，在植株根部撒上伯卡西肥料50g/㎡。

③ 為使肥料與土壤充分混合，用三角鋤頭進行中耕，將土培至植株根部。

第2次

待本葉長至5～6片時，株距間拔成8～12cm。與第1次一樣，進行伯卡西肥料的追肥，並取苦楝油渣兩撮，以每1㎡從葉子上面稀疏撒下。根的肩部長出地上時，需適當培土，以防止綠化。照片為間拔下來的紅蘿蔔。這時的葉子也細嫩好吃。

注意黃鳳蝶幼蟲的危害

喜食繖形花科植物的黃鳳蝶幼蟲是紅蘿蔔的大敵。葉子的一部分消失，剩下莖的話，就是有幼蟲的跡象。若未處理，葉子就變得光禿禿，因此，一發現就驅除。

黃鳳蝶幼蟲

3 收穫

五吋紅蘿蔔的根莖長達15cm（地上部分的根粗為3～4cm），可用手抓著根部拔起。收穫後的洞穴若放置著，將會因過於潮濕或乾燥造成相鄰兩側的紅蘿蔔根部裂開，因此，收穫後的洞穴需將土埋回。

十字花科

白蘿蔔

錯開種植時間，培育健壯的根部

白蘿蔔根部往前伸展時若遇到濃厚的肥料或障礙物，前端會分成兩叉（叉根）。因此，施肥時需加以注意，將土壤中的小石子及堆肥塊等除去。

為減輕害蟲的危害，避開害蟲活動旺盛的暑期，可將播種時期錯開，等氣候涼爽的9月中旬以後再種植。此時必須花些時間與人力從事：①鋪設聚酯薄膜覆蓋物以提高土壤溫度；②選擇種植期間短的早熟品種。

1 播種

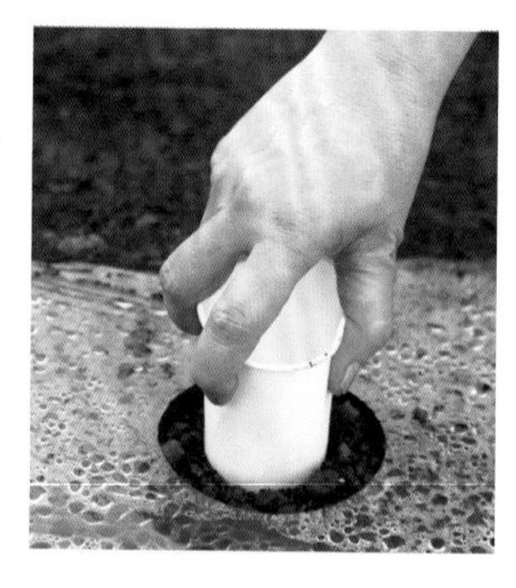

① 在畦床鋪設上面已開有2行各寬95cm、株距27cm洞穴的透明聚酯薄膜覆蓋物。在覆蓋物的洞穴上，使用紙杯或飲料罐的底部壓實土壤，作成深1cm的植穴。

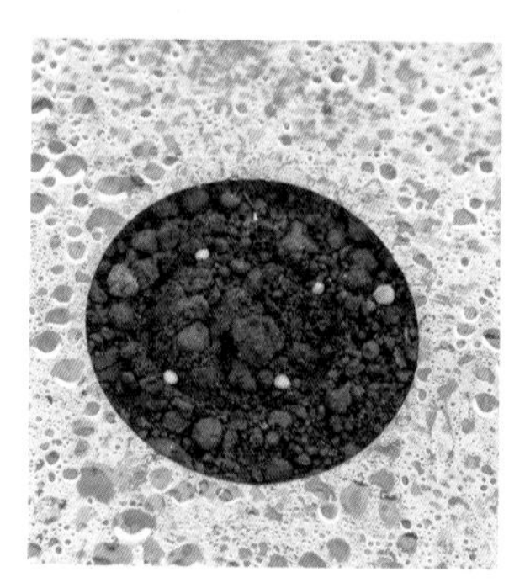

② 在每一穴各播4粒種子，並覆上種子厚度3倍的土壤。為使直根充分伸展，用手輕壓土壤即可，不需澆水，用不織布覆蓋著。

2 浮動式覆蓋

播種後，為防止乾燥及害蟲的危害，將隧道式支柱高度降低，再覆上不織布形成浮動式覆蓋（參閱36頁）。

不鋪設聚酯薄膜覆蓋物不行？

即便不鋪設聚酯薄膜覆蓋物也可栽培。但比起覆蓋物栽培來，生長會較為緩慢，需注意勿錯過播種的時機。此外，為防止土壤表面硬化及雜草叢生，需常常對株距與行距進行中耕。株距以寬闊（30～33cm）為宜。

有機栽培的管理祕訣

❶ 在天氣轉涼的9月中旬以後播種，可減少病害蟲的危害。

❷ 鋪設聚酯薄膜覆蓋物使土壤溫度上升，可加速生長，使根部肥美。

❸ 選擇種植期間短的早熟品種較不會失敗。

DATA

栽培月曆　　····播種　━收穫

月	1	2	3	4	5	6	7	8	9	10	11	12
寒冷地帶					····		━ ····	━ ····		━	━	
中間地帶				····	····	━	━	····	····	━	━	━
溫暖地帶			····	····	━	━			····	━	━	━

栽培資訊
科名：十字花科
連作障礙：有（間隔1～2年）
病害蟲：蚜蟲、青蟲、小菜蛾、黃條葉蚤等

植株大小
株高：30cm
株距：27cm　**行距**：45cm

作畦
畦床寬度70cm
走道寬度50～60cm

[2週前]
堆肥：1ℓ/㎡
微生物資材：150g/㎡

3 間拔

第1次

① 播種約2週後，株高10～15cm時為第1次間拔的時機。

② 每穴間拔成2株。將軟弱的植株拔掉，或用剪刀貼著地面剪掉。

第2次

第1次間拔的2週後，本葉長出6～7片時，每穴植1株。由於葉子之間容易交疊，間拔時需避免傷到留下來的植株。

① 用手拔起　用手握住整束需間拔的植株葉子並拔起。間拔後所形成的洞穴若積水的話會傷到根部，需將土壤埋回。

② 用剪刀剪下　用剪刀剪下植株根部進行間拔。用一隻手按著葉子，使植株根部露出，再用剪刀剪下。

4 收穫

青首蘿蔔這種品種自播種起經80～85日後，根部往地上突起時，握住葉子的基部後往正上方拔起。若太晚採收，根會裂開或形成空心，失去風味，因此需適時採收。

間拔的菜也可食用

在家庭菜園採收間拔起來的葉子（間拔菜）也是樂趣之一。白蘿蔔間拔的菜細嫩可口，可拿來食用，不要丟棄。因葉上有毛，會令人有點害怕，可加熱調理（涼拌或油炒）。

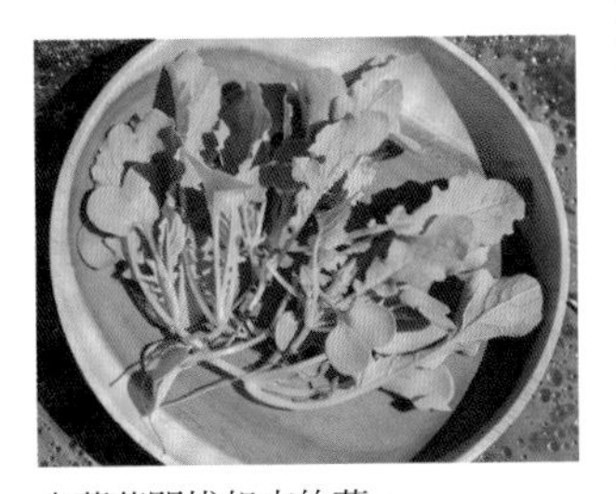

白蘿蔔間拔起來的菜。

十字花科

小紅蘿蔔

避開暑熱時期 可減輕害蟲的危害

小紅蘿蔔正如日本別名稱為「二十日大根」，從播種到收穫的期間很短，30日～50日就可收成。小紅蘿蔔偏好涼爽氣候，建議於春天或秋天栽培。在暑熱時期，害蟲活動頻繁，因此，春作於5月下旬以前，秋作則於8月下旬以後播種就可減少受害。高明的栽培祕訣是，進行兩次間拔，將株距慢慢擴大，加速根的成長，就可採收到大又可愛的小紅蘿蔔。

1 播種

① 挖深1cm，和畦床呈直角的播溝，溝距15cm（橫切式平行淺溝。參閱29頁）。在溝中以1cm之間距播上種子。

② 在種子上覆土，用手輕壓。以裝有蓮蓬頭的灑水容器充分澆水。

2 間拔

第1次

發芽後，與相鄰葉子互相交疊時，以互相混合之處為中心進行間拔。拔掉軟弱的苗株，形成2cm間距。間拔後，將土輕輕培到根部。

第2次

第1次間拔經1週後，留下茁壯的苗株，以5cm間距進行間拔。間拔後，用移植鏝或竹刮刀在行與行間進行中耕兼除草，並將土培到植株根部。

3 收穫

播種後經30～45日，根的直徑長至2cm左右開始間拔採收。太晚採收的話根會裂開或空心，需儘早採收。

有機栽培的管理祕訣

❶ 栽培時避開會遭到害蟲危害的夏天暑熱時期。

❷ 有前作時，肥料效果還殘留著，不施肥較不易生病。

❸ 以1週間多次錯開播種，可享長期間採收之樂。

DATA

栽培月曆　　····播種　━收穫

月	1	2	3	4	5	6	7	8	9	10	11	12
寒冷地帶												
中間地帶												
溫暖地帶												

栽培資訊

科名：十字花科

連作障礙：有（間隔1～2年）

病害蟲：蚜蟲、青蟲、蕪菁夜蛾等

植株大小

株高：15cm以上

株距：5cm　**行距**：15cm

作畦

畦床寬度70cm（橫切式平行淺溝）

[2週前]

堆肥：1ℓ/㎡

微生物資材：150g/㎡

蕪菁

充分間拔，可保持適當的株距

蕪菁依所收穫根的大小，分為大、中、小蕪菁。建議新手選擇種植天數短的小蕪菁較容易栽培。不論何者，株距若不適當就無法培育出本來應有的大小。因此，充分間拔，以保持適當株距非常重要。在氣溫高的時期，容易遭到青蟲、小菜蛾及蚜蟲等害蟲的危害，因此，可等天氣轉涼的9月上旬以後再行播種。

1 播種

挖深1cm，和畦床呈直角的播溝，溝距20cm。在溝中以1cm之間距播上種子（橫切式平行淺溝。參閱29頁）。在種子上覆土，用手輕壓。以裝有蓮蓬頭的灑水容器充分澆水。

2 間拔

第1次

本葉長出1片，與隔鄰葉子互相交疊時，進行間拔。間拔後，將土培到根部。

第2次

本葉長出2～3片，以5～6cm間距進行間拔，並培土。

第3次

本葉長出4～6片，以10～12cm間距進行間拔。在行間進行中耕並培土，以加速根的生長。

3 收穫

小蕪菁根的直徑達5～6cm時採收。中、大蕪菁長至該品種大小時採收。太晚採收的話會造成空心，因此需適時採收。

為何根會裂開

在連續晴天，土壤乾燥的狀態下生育生長的根，一遇雨就會急速生長，根部因而發生裂開（裂根）的情形。防止根部裂開的有效方法就是以排水良好的土壤栽培，乾燥時就勤加澆水。

根部裂開的蕪菁。

有機栽培的管理祕訣

❶ 為防連作障礙，避開過去2～3年間曾種植過十字花科蔬菜的場所。

❷ 防範根瘤病的方法就是選擇具有抵抗力的品種。

❸ 為培育形狀漂亮的蕪菁，間拔後需確實培土。

DATA

栽培月曆

‧‧‧‧播種　━ 收穫

月：1 2 3 4 5 6 7 8 9 10 11 12

寒冷地帶

中間地帶

溫暖地帶

栽培資訊
科名：十字花科
連作障礙：有（間隔2～3年）
病害蟲：蚜蟲、青蟲、小菜蛾、黃條葉蚤、軟腐病等

植株大小
株高：30cm
株距：10～12cm　**行距**：20cm
作畦
畦床寬度70cm（橫切式平行淺溝）

[2週前]
堆肥：1ℓ/㎡
微生物資材：150g/㎡

菊科

迷你牛蒡

充分深耕土壤，使根部筆直伸展

牛蒡會將根深入地中伸展，因此，土壤培肥時，充分深耕就是栽培牛蒡上最大的重點。根伸展的前端一遇障礙物就會分叉成數根的「叉根」，因此，調配肥料時需先將堆肥的塊狀或小石子等移除。

牛蒡有短根種（迷你牛蒡）及長根種，根長達1m以上的長根種必須深耕土壤，熟練者可栽培這種品種，家庭菜園方面則建議栽培長度35～45cm的短根種。

1 播種

因種子的皮很硬，可先用水浸泡一個晚上。挖2條播溝，各深5mm～1cm，行距40cm。在溝中以10～12cm間距，各點播種子5粒。用手覆蓋土壤約5mm，並充分澆水。

第3次間拔後形成1處1株

本葉長出1片時，留下茁壯的苗株，每處間拔成3株。其後同樣，本葉3～4片時留下2株；本葉5～6片時，間拔成1株。間拔後為避免植株搖晃需進行培土。

第2次間拔的情形。留下的苗株為避免被一起拔起，用另一隻手牢牢地按住植株根部。

2 追肥、培土

為加速根部的生育生長，第2次間拔後，於行間撒上伯卡西肥料50g/㎡、堆肥1ℓ/㎡。為使肥料與土壤充分混合，用鋤頭等進行中耕，並培土，將畦床的中央堆高。

3 收穫

① 植株根部的根直徑達1～2cm時就是採收的時候。首先，將地上部分的葉子用刀子割除。

② 由於牛蒡的根深入地中，用力拔起時根會折斷。先用鏟子深掘周圍的土壤，讓根露出後再小心拔出。

有機栽培的管理祕訣

❶ 因種子的皮很硬，為使發芽一致，先用水浸泡一個晚上。

❷ 屬好光性種子，一有光線很快就會發芽，因此，覆上薄薄一層土即可。

❸ 連作時容易遭受線蟲危害，需間隔5年。

DATA

栽培月曆　　···· 播種　— 收穫

月	1	2	3	4	5	6	7	8	9	10	11	12
寒冷地帶				····	····	····	···· —	—	—	—	—	
中間地帶			····	····	····	···· —	···· —	···· —	—	—	—	—
溫暖地帶			····	····	····	···· —	···· —	···· —	···· —	—	—	—

栽培資訊
科名：菊科
連作障礙：有（間隔5年）
病害蟲：蚜蟲、青蟲、蕪菁夜蛾、黑斑病、白粉病等

植株大小
株高：15cm以上
株距：10～12cm　**行距**：40cm
作畦
畦床寬度70cm

[1個月前]
有機石灰：60g/㎡

栽培篇
葉菜類

● 有關使用於土壤培肥的資材，請參閱18～21頁。
● 土壤培肥與作畦的具體方法，請參閱24～25頁。
● 管理作業的詳情，請參閱28～49頁。

十字花科

高麗菜

栽培祕訣就是結球前使外葉生長茂盛

高麗菜以外側葉子（外葉）行光合作用，將所形成的養分供給內側結球部分，並結成圓形狀。因此，在結球開始前就進行兩次追肥，補充養分，使外葉生長茂盛，這就是栽培漂亮高麗菜的祕訣。

此外，葉子容易遭受青蟲及小菜蛾的危害，葉子背面也需勤加檢查確認，一發現就除去。定植後立即以不織布覆蓋的隧道式栽培，對於防止害蟲的侵入頗具效果。

1 定植

① 塑膠花盆種苗本葉長出5～6片時，或穴盤苗本葉長出3～4片時可做為種苗。在畦床中間以40cm間距，用移植鏝挖掘植穴。

② 定植種苗時不需深植，且澆水時需避免澆到葉子上。用苦楝油渣做為追肥，取一撮撒在株苗的周圍。

2 防風、防蟲

播種後，為防種苗被強風吹走以及害蟲侵入，可利用不織布覆蓋的隧道式進行栽培（參閱36頁的專欄）。

如何從種子開始栽培？

將種子播在穴盤或直徑9cm（3號）的塑膠花盆中，上面覆蓋厚約5mm的土壤。澆水時需避免種子流失，另為防止乾燥，用表面沾濕的報紙覆蓋（發芽時立即拿開）。待本葉長出2片時間拔成1株，培育至本葉長出3～4片。為防徒長，需置於日照良好的場所。夏天陽光強烈下，則可用不織布等遮陽。

有機栽培的管理祕訣

❶ 由於容易感染根瘤病等病害，需避開十字花科的連作。

❷ 為使定植後生長狀況良好，選擇本葉3～4片的幼苗。

❸ 高麗菜遭害蟲危害的情形極多，葉子背面也需定期檢查確認，早期防治。

DATA

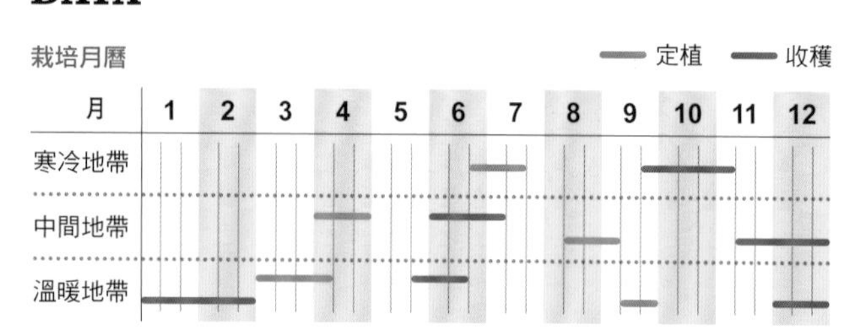

栽培資訊
科名：十字花科
連作障礙：有（間隔2～3年）
病害蟲：蚜蟲、青蟲、霜霉病、萎黃病等

植株大小
株高：40～50cm
株距：40cm
作畦
畦床寬度40cm、走道寬度30cm

[1個月前]
有機石灰：60g/㎡
[2週前]
堆肥：1.5ℓ/㎡
伯卡西肥料：40g/㎡
微生物資材：100g/㎡

3 追肥、培土

第1次

定植2週後，將不織布的隧道式覆蓋一邊掀起，並將伯卡西肥料30g/㎡撒在畦床的一側並培土。

第2次

第1次追肥的2週後，將隧道拆除，與第1次相反，在另一側進行追肥並培土。如照片所示，可用移植鏝將土培至根部。

4 防治害蟲

青蟲及小菜蛾等害蟲及卵一經發現就去除。進而將醋與苦楝萃取液用水稀釋後，連葉子背面也遍灑，每週1次。

5 收穫

① 葉子往內側捲，形成堅實的結球時就是採收適期。

② 用手按壓結球部分，堅固結實時即可採收。用刀子將帶著數片外葉的根部切下。

採收後根可繼續耕土

高麗菜、青花椰菜及白菜等葉菜類的細根深入土壤中且廣泛伸展，採收後，不需將根拔除，就放置著。留下來的根於冬季期間在地中分解形成空洞，在土壤中成為空氣及水的通道。

採收後，帶著葉子的根部會長出側芽。待地上部分枯萎後較容易將根部去除。

青花椰菜

以2次追肥補充養分，培育成大型花球

分為僅採收中央花球（頂花球）的專用種，與頂花球採收後長出的側芽（側花球）也一併採收的兼用種。家庭菜園建議栽培也可採收側花球的兼用種。於8月下旬～9月中旬定植種苗。過了適期的老化苗存活狀況不佳，其後的生育生長也容易不良，應避免種植。定植後進行2次追肥以補充養分，培育成大型花球是栽培重點。

1 定植

① 選擇塑膠花盆種苗本葉已長出5～6片，或穴盤苗本葉長出3～4片，葉色濃綠、莖粗壯的種苗。

② 在畦床的中央挖深10cm的植穴，株距45cm。用灑水壺將水注入穴中，水被土壤吸收後定植，無需深植。澆水時勿澆到葉子上。

2 防風、防蟲

定植後，為防種苗被強風吹走以及害蟲侵入，可利用以不織布覆蓋的隧道式栽培（參閱36頁）。

在植株的周圍撒布苦楝

為促進植株生育生長，定植後立即追肥，取一撮苦楝油渣撒布在植株周圍。如此一來，對於討厭苦楝氣味的害蟲，也會產生驅避效果。

定植後，在苗株周圍如畫圓形一般撒布一撮苦楝油渣。

有機栽培的管理祕訣

❶ 花球的大小與植株的尺寸成正比，因此，取株距45cm，可培育出較大的植株。

❷ 在植株根部確實培土，可使植株穩定，生育生長良好。

❸ 連葉子背面也定期仔細檢查，以防治害蟲。

DATA

栽培月曆　　····播種　━定植　━收穫

月	1	2	3	4	5	6	7	8	9	10	11	12
寒冷地帶							播種	定植		收穫	收穫	
中間地帶	收穫	收穫					播種	播種、定植	定植	收穫	收穫	收穫
溫暖地帶	收穫	收穫					播種	播種、定植	定植		收穫	收穫

栽培資訊
科名：十字花科
連作障礙：有（間隔2～3年）
病害蟲：蚜蟲、青蟲、小菜蛾、斜紋葉盜蟲、軟腐病、萎黃病等

植株大小
株高：70～80cm
株距：45cm
作畦
畦床寬度40cm、走道寬度30cm

[1個月前] **有機石灰**：60g/㎡
[2週前]
堆肥：1.5ℓ/㎡
伯卡西肥料：40g/㎡
微生物資材：100g/㎡
苦楝油渣：100g/㎡

3 追肥、培土

第1次

定植2週後，將不織布的隧道式覆蓋一邊掀起，將伯卡西肥料30g/㎡撒在畦床的一側並培土。

第2次

第1次追肥的2週後，將隧道拆除，與第1次相反，在另一側進行追肥並培土。

4 防治害蟲

青蟲及小菜蛾等害蟲及卵一經發現就立即去除。進而將醋與苦楝萃取液用水稀釋後，連葉子背面也遍灑，每週1次。

5 收穫

① 頂花球直徑達10～15cm時，將包含花梗（長有花球的莖）在內的花莖10～15cm用刀子切下。

② 頂花球收穫後長出的側花球亦可收穫的品種，在花球長出來後，就從基部切割採收。

嫩莖青花椰菜的栽培方法

採收長嫩莖與側花球的「嫩莖青花椰菜」係青花椰菜與中國蔬菜（菜心、芥藍）交配而成的蔬菜。栽培方法與青花椰菜大致相同，但為促使側芽發生，需提早摘取頂花球。

【將頂花球摘芯】頂花球長至500日圓硬幣大小時，為使側花球長出更多，而花莖不變長，用剪刀將芯摘除。

【側花球的採收】由於花莖細嫩可口，側花球長出來時，就與長莖一起採收。

十字花科

白花椰菜

欲培育出大花球，需讓外葉長很大

白花椰菜喜好涼爽的氣候，建議於8月中旬～9月上旬種植較容易栽培。除了白色花球外，橘色及紫色的彩色品種也頗受歡迎。培育出大花球的重點為儘量讓外葉長得很大。植株小只能培育出小花球，因此，使株距空間足夠，以及進行2次追肥可促進生育生長。將外葉摘掉用來遮光，可採收到更為漂亮的花球。

1 定植

① 選擇本葉5～6片、葉色濃郁、葉莖粗大的結實種苗。

② 在畦床的中央挖深約10cm、株距40cm的植穴，定植時不需深植。澆水時勿澆到葉子，用手邊掩著蓮蓬頭，邊在苗株周圍如畫圓形般澆水。

2 追肥、培土

第1次

定植2週後，將伯卡西肥料30g/㎡撒在畦床的一側，並將土培至植株根部。

第2次

第1次追肥的2週後，與第1次相反，在另一側進行追肥並培土，以促進生長育。

將外葉摘下遮光，培育白嫩花球

為培育漂亮的白色花球，待花球長至7～8cm時，將周圍的葉子摘下，遮住中心部分，可避免陽光直射。花球為橘色或紫色的品種則不需遮光。

3 收穫

待花球直徑達10～15cm時，用刀子切下採收。

有機栽培的管理祕訣

❶ 為使植株根部生長良好，以本葉長有5～6片的幼苗定植。

❷ 花球的大小與植株的尺寸成正比，因此，取株距40cm，使每一植株都長得大又漂亮。

❸ 連葉子背面也定期仔細檢查，以防治害蟲。

DATA

栽培月曆

— 定植 — 收穫

月	1	2	3	4	5	6	7	8	9	10	11	12
寒冷地帶						定植	定植		收穫	收穫	收穫	
中間地帶								定植	定植	收穫	收穫	收穫
溫暖地帶								定植	定植	收穫	收穫	收穫

栽培資訊
科名：十字花科
連作障礙：有（間隔2～3年）
病害蟲：蚜蟲、青蟲、小菜蛾等

植株大小
株高：50～60cm
株距：40cm
作畦
畦床寬度40cm、走道寬度30cm

［1個月前］**有機石灰**：60g/㎡
［2週前］
堆肥：1.5ℓ/㎡
伯卡西肥料：40g/㎡
微生物資材：100g/㎡
苦楝油渣：100g/㎡

小松菜

十字花科

株高10～15cm時開始間拔採收

播種後經30～40日即可收穫，是一種容易栽培的蔬菜。在畦面上挖掘間距15～20cm的播溝，並以1cm間距播下種子。發芽後，以葉子交疊之處為中心進行間拔，使每一植株長大。栽培期間短，不需追肥。待株高長至10～15cm時進行間拔並開始採收。株高20～25cm時可供食用。過晚採收會失去風味，需儘早收成。

1 播種

① 用木板等邊將土壤壓實，邊以間距15～20cm作成寬與深均為1cm的播溝（照片為橫切式平行淺溝。參閱29頁）。

② 在播溝中以1cm間距播種。因種子很小，將厚紙板對摺後將種子放在上面，用前端削尖的竹筷將種子1粒粒撥下播種後，將土壤回埋溝中，再用手壓平。使用裝有蓮蓬頭的灑水壺澆水。

2 間拔

第1次

發芽後，為不使葉子交疊進行間拔。因苗株還小，可使用容易作業的小鉗子間拔。

第2次

待本葉長出1～2片時，以不會和相鄰苗株交疊的間距進行間拔。間拔後為避免苗株搖晃進行培土。

第3次

株高長至7～8cm時，將葉子互相交疊之處的植株進行間拔兼採收，最後使株距成為10cm。

3 收穫

株高20～25cm時，以一株株拔取（照片），或以剪刀將根的地上部分剪掉採收。過晚收成會失去風味，因此，從長得較大的植株開始儘早採收。

DATA

栽培月曆　　····播種　━━收穫

月	1	2	3	4	5	6	7	8	9	10	11	12
寒冷地帶												
中間地帶												
溫暖地帶												

栽培資訊

科名：十字花科

連作障礙：有（間隔1～2年）

病害蟲：蚜蟲、青蟲、小菜蛾、白色銹病等

植株大小

株高：25～30cm

株距：10cm　**行距**：15～20cm

作畦

畦床寬度70cm（橫切式平行淺溝）

[1個月前]

堆肥：1ℓ/㎡

[2週前]

微生物資材：100g/㎡

苦楝油渣：100g/㎡

有機栽培的管理祕訣

❶ 為使每一植株生長良好，進行3次間拔，使株距寬敞。

❷ 間拔後植株會搖晃不穩定，需進行培土。

❸ 容易遭到蚜蟲及青蟲的危害，需經常檢查去除。

十字花科

水菜

小株可沾沙拉醬生吃，大株最適合做爲火鍋料或醃菜

水菜適合生育生長的溫度為15～25℃，喜好比較涼爽的氣候，適合春作或秋作。依採收植株大小，分為採收大株與小株的品種，配合用途選擇種植的品種。採收小株時，播種後經約40～50日即可採收。細嫩的葉子從根部起依序伸展，植株伸展範圍的直徑達10cm以上，因此，需配合成長進行間拔，以確保寬敞的株距。

1 播種

① 用寶特瓶的蓋子在畦面上按壓，作成行距20cm、株距5cm的播穴。

② 在每一穴中各播入3～5粒。因種子很小，將種子放在厚紙板上面1粒粒撥下播種後，將土壤回埋溝中，再用手壓平。使用裝有蓮蓬頭的灑水壺澆水。

2 間拔、中耕

第1次

發芽後，為不使葉子交疊進行間拔。間拔後進行中耕，可使苗株生長良好。

第2次

待本葉長出1～2片時，以葉子不會交疊的間距進行間拔並中耕。植株密集時，用剪刀貼著地面切除株苗。

第3次

株高長至7～8cm時，進行間拔兼採收，使株距成為10cm，行距為40～50cm。

3 收穫

小株的採收於株高25～30cm時，將整株拔起，或用剪刀貼著地面切除植株（照片）。大株的採收時，使株距形成30cm進行間拔並採收，於株高40～50cm時將根部切下採收。

有機栽培的管理祕訣

❶ 若未充分澆水，生育生長就會不良，因此畦床需避免乾燥。

❷ 進行間拔使株距寬敞，使每株均穩定生長。

❸ 容易遭到害蟲的危害，需定期檢查葉子，一發現就立即去除。

DATA

栽培月曆　　••••播種　━━收穫

月	1	2	3	4	5	6	7	8	9	10	11	12
寒冷地帶								播種	播種		收穫	
中間地帶	收穫	收穫							播種	播種		收穫
溫暖地帶	收穫	收穫	收穫						播種	播種		收穫

栽培資訊

科名：十字花科

連作障礙：有（間隔1～2年）

病害蟲：蚜蟲、青蟲、小菜蛾、潛蠅、白色銹病等

植株大小

株高：25～30cm

株距：10～30cm

行距：40～50cm

作畦

畦床寬度70cm

[2週前]

堆肥：1.5ℓ/㎡

微生物資材：100g/㎡

苦楝油渣：100g/㎡

十字花科

芥菜／大芥

從嫩葉到成熟的植株，享受邊間拔邊採收的樂趣

葉子帶有辛味的芥菜，從嫩葉到成熟的植株，可享受邊間拔邊採收的樂趣。為採收優質的芥菜，於9月播種，12～2月採收。大芥為芥菜的同類，可用同樣方式栽培。這兩種成長後，株高均會長至50cm以上的大株。芥菜長至春天抽苔之前，大芥則可從下方依序將葉摘下，兩種都可享受長期間採收之樂。

1 播種

① 在整平的畦面上，用木板按壓土壤，以40cm的間距，作成寬10cm、深1cm的播溝（橫切式平行淺溝，參閱29頁）。

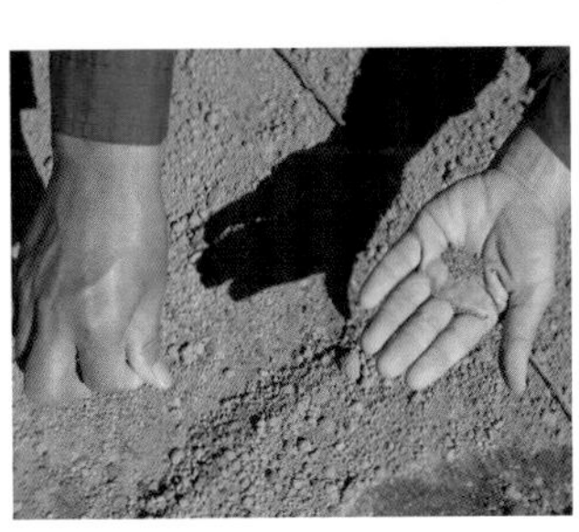

② 在播溝中，以1～2cm間距播種。種子難以平均撒布時，可將種子與乾燥的土壤混合後播種。覆蓋5mm左右的土壤後用手壓平。最後用裝有蓮蓬頭的灑水壺澆水。

2 間拔

第1次

發芽後，本葉長出1片時，為避免葉子交疊進行間拔。間拔起來的葉子含有藥味。

第2次

本葉長出2～3片時，以葉子不會交疊的間距進行間拔。間拔的菜可用沙拉醬涼拌食用。

第3次

株高長至7～8cm時，進行間拔兼採收，使株距成為10cm，葉子用開水燙後拌佐料食用或做成醃菜都很適合。

3 收穫

株高20cm以上時，將整株拔起，或用剪刀貼著地面切除植株（照片）。長成大株時，芥菜在30cm左右進行採收，大芥則從外葉逐葉摘取，可一直持續享受採收樂趣至2月左右。

有機栽培的管理祕訣

❶ 一成長就會長成大株，需邊間拔邊使株距寬敞。

❷ 間拔後，為避免植株搖晃需確實培土。

❸ 容易產生害蟲，每週1次噴灑醋與苦楝萃取液。

DATA

栽培月曆　（⋯⋯播種　━━收穫）

月	1	2	3	4	5	6	7	8	9	10	11	12
寒冷地帶								播種	播種	收穫	收穫	
中間地帶	收穫	收穫							播種			收穫
溫暖地帶	收穫	收穫	收穫						播種	播種		收穫

栽培資訊
科名：十字花科
連作障礙：有（間隔1～2年）
病害蟲：蚜蟲、青蟲、小菜蛾等

植株大小
株高：40～50cm
株距：30～40cm　**行距**：40cm
作畦
畦床寬度70cm
（橫切式平行淺溝）

[2週前]
堆肥：1.5ℓ/m²
微生物資材：150g/m²
苦楝油渣：100g/m²

白菜

十字花科

種植勿錯過適期　使外葉生長茂盛

培育的白菜若葉子片數多且成長順利，就可結成大又緊實的球狀。因此，需定期進行追肥，使外葉生長茂盛為栽培管理的重點。由於容易受到青蟲及小菜蛾的危害，因此，種植需在害蟲較少的9月中旬～10月上旬。比這期間還晚種的話，因為寒冷，結球所需的葉數不足，就不能結球，因此，需避免錯過種植時機。

1 種苗的準備

① 準備本葉4～5片的種苗。

2 定植

② 設株距為40cm、行距50cm，將種苗並排種植。用移植鏝挖掘深約10cm的植穴。使用拆下蓮蓬頭的灑水壺，用一隻手邊調節水量，邊注入植穴。

③ 水被土壤吸收後，從花盆取出種苗定植。用一隻手半掩著灑水壺的出水口，邊調節水量，邊在植株周圍如畫圓形一般澆水。

將苦楝撒布在植株周圍

定植後，為使初期成長良好，取一撮苦楝油渣撒布在植株周圍。對於討厭苦楝氣味的害蟲，也可產生防止入侵的效果。

距植株10cm左右處，如畫圓圈一般撒上苦楝油渣。

DATA

栽培月曆（定植／收穫）

月	1	2	3	4	5	6	7	8	9	10	11	12
寒冷地帶								定植	定植	收穫	收穫	
中間地帶	收穫								定植	定植	收穫	收穫
溫暖地帶	收穫								定植	定植	收穫	收穫

栽培資訊

科名：十字花科

連作障礙：有（間隔2～3年）

病害蟲：蚜蟲、小菜蛾、青蟲、斜紋葉盜蟲、軟腐病等

植株大小

株高：50cm

株距：40cm　**行距**：50cm

作畦

畦床寬度90cm、走道寬度30cm

[1個月前]

有機石灰：60g/㎡

[2週前]

堆肥：1.5ℓ/㎡

伯卡西肥料：80g/㎡

微生物資材：150g/㎡

有機栽培的管理祕訣

❶ 栽培天數短的小型早熟種較容易種植。

❷ 定植過晚，當天氣轉冷後就不會結球，需適期種植。

❸ 容易遭受青蟲及小菜蛾等危害，需留意儘早防治。

3 追肥、培土

第1次

定植2週後，將30g/㎡的伯卡西肥料撒在植株根部並培土。

第2次

① 第1次追肥經2週後以同樣方式進行追肥。

② 培土時，將肥料與土壤混合均勻。由於葉子纖細，容易受傷，可用移植鏝培土。

種植初期注意害蟲的發生

白菜的生長點在培育初期會被青蟲等啃食危害，以致無法結球，必須注意。發現葉子上有孔洞或糞便時，表示有幼蟲侵入的跡象，需儘速盡速找出並去除。

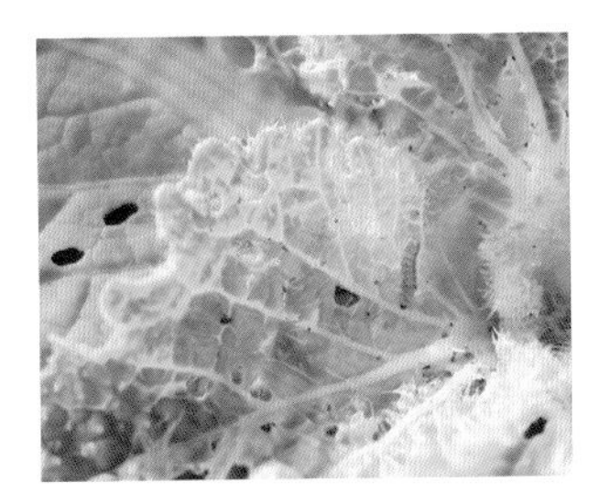

害蟲一侵入結球內部就很難消滅，需儘早去除這點很重要。

4 病害蟲防治

為預防受到病害蟲的危害，將醋與苦楝萃取液分別以水稀釋後每週噴灑1次。連葉子背面也噴灑，使整株濕透是培育的祕訣。

5 收穫

① 葉子向內側蜷曲，呈現緊實狀態時就可採收。

② 用手將植株橫倒，帶著外葉1～2片，用刀子在外葉與外葉之間割下。一遭到降霜，葉子就會受傷，因此，以外葉包著結球部分，再用繩子綁著，可在菜園裡維持至1月左右。

萵苣

菊科

鋪設覆蓋物可防乾燥，種植本葉3～4片的種苗

萵苣分為葉子蜷曲的結球萵苣、不結球的葉用萵苣及半結球的蘿蔓萵苣（Romaine lettuce）等。本葉長有3～4片的幼苗在定植後根部的成活較快，其後的生育生長也較順利。為防範因乾燥或過濕導致生長不良，或被雨水汙泥濺到導致生病，可鋪設覆蓋物進行栽培。從定植至採收，葉用萵苣為30～40日，結球萵苣為50～60日。過晚採收品質會低落，請儘早收穫。

1 定植

① 準備本葉3～4片的種苗。鋪設行距25cm×株距30cm的3行交錯式（開有互相交錯的洞穴）黑色（或銀色）聚酯薄膜覆蓋物。在覆蓋物上的各個洞穴中掘一個比土球還大一圈的植穴。

② 植苗時需避免土球崩散。另為避免植株搖晃，需用手壓著植株根部。

③ 為避免澆到葉子，用一隻手按著灑水壺的口，邊調節水量邊澆水。將水灑在覆蓋物上，水自然會流入穴中。

種植方式為土球的高度與地面呈水平

萵苣係一種以細根在土壤中淺薄擴散伸展的蔬菜。為使根部的生長良好，種植時，使土球與土壤表面呈水平狀態為栽培的祕訣。此外，根與土壤之間若存有縫隙（空氣層），根就不容易伸展，種植時需避免產生空隙。種植時，土球需與土壤表面相同高度（中）。土球表面高於地表，根部無法伸展（左）；植入太深，生長點被掩埋，導致葉子無法生長（右）。

有機栽培的管理祕訣

❶ 鋪設覆蓋物可防止乾燥及過濕，也不容易染病。

❷ 為使根部成活良好，選擇本葉3～4片的幼苗。

❸ 種植初期容易遭受蚜蟲危害，一發現就用黏蟲膠帶等去除。

DATA

栽培月曆（⋯⋯ 播種　── 定植　── 收穫）

月	1	2	3	4	5	6	7	8	9	10	11	12
寒冷地帶							播種→定植	定植	收穫	收穫		
中間地帶		播種	播種	定植	收穫	收穫	播種	播種	定植		收穫	
溫暖地帶	收穫	播種	定植	定植	收穫			播種	定植	收穫	收穫	收穫

栽培資訊

科名：菊科

連作障礙：有（間隔2年）

病害蟲：斜紋葉盜蟲、蚜蟲、軟腐病等

植株大小

株高：15～20cm

株距：30cm

行距：25cm（3行交錯）

作畦

畦床寬度70cm

[1個月前]

有機石灰：100g/㎡

[2週前]

堆肥：1.5ℓ/㎡

伯卡西肥料：80g/㎡（僅夏作）

微生物資材：250g/㎡

2 浮動式覆蓋

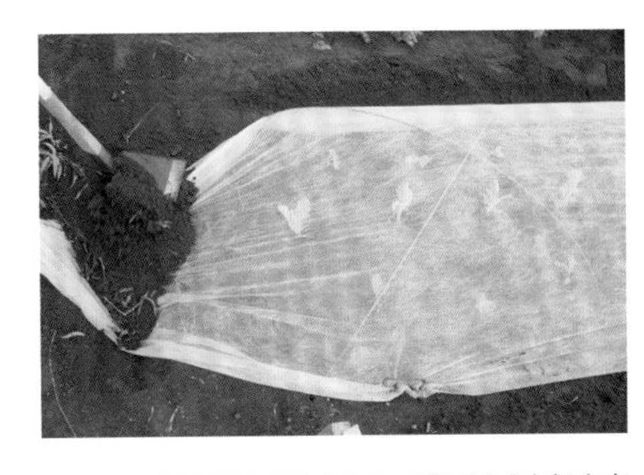

為防止種苗被強風吹動或吹走，將隧道式支架高度降低搭設，再覆上不織布，以「浮動式覆蓋」栽培（參閱36頁）。可保護種苗避免被強烈陽光照射，以及防止害蟲侵入等效果。

3 培土

定植2週後，本葉長至10片時，將浮動式覆蓋物撤除。為防止植株搖晃，並使生長良好，用手將土培至植株根部。

4 收穫

【葉用萵苣的採收】
葉子長至20～25cm時，用刀子將根部割下採收（照片）。若不一次採收，亦可一片片摘取外側的葉子，之後也會長出新葉，可長期間享受採收之樂。

【結球萵苣的採收】
葉子往內側蜷曲，用手壓覺得鬆軟而富有彈性時，就可用刀子將結球部分割下採收。採收過晚的話，結球會過於堅硬致品質低落，請儘早採收。

亦可由種子開始自行育苗

需要大量的種苗，或想培育自己喜歡的品種時，也有以照片所示方法，將種苗播在穴盤上進行育苗的方法。育苗期間大約30日。

① 將含有基肥的播種用培養土放入穴盤中，每穴各播入3～4粒種子，覆上薄土。覆蓋在種子上的土壤建議使用層脹蛭石（expanded vermiculite）（使用於土壤改良的農業用資材）。

② 輕壓表面。澆水時需避免種子流失。發芽之前，使用沾濕的報紙覆蓋，避免種子乾燥。本葉1片時間拔成2株，本葉2片時間拔成1株，本葉3～4片時定植在畦床中。

※為使發芽一致，亦可使用被覆種子。這時各穴各播1粒。

茼蒿

菊科

建議以可陸續採收側芽的摘取方式栽培

茼蒿性喜涼爽的氣候，適合生育生長溫度為15～20℃，除仲夏與隆冬外，春秋兩季均適合栽培。春播時，白天時間變長，當氣溫一升高，很容易就抽苔（開花），因此，建議於秋天種植。發芽後進行2次間拔，以擴大株距。株高25～30cm時為採收適期。雖可整株拔取採收，但若留下靠近根部的葉子4片，側芽就會陸續生長出來，可享受反覆採收之樂趣。

1 播種

① 用木板塊等按壓土壤，作成寬、深各1cm的播溝，行距為20cm（橫切式平行淺溝。參閱29頁）。

② 在播溝中，以1cm間距播種。因種子很細小，可將種子放在厚紙板上面，用前端削尖的竹筷將種子撥下播種。種子有光線較易發芽，因此，覆蓋土壤的厚度以種子隱約可見的程度，用手輕壓即可。為避免種子流出，用裝有蓮蓬頭的灑水壺澆水。

2 間拔

第1次

發芽後，本葉長出1～2片時，留下茁壯的株苗，以5cm間距進行間拔。

第2次

本葉長出3～4片時，以12cm間距進行間拔兼採收。

3 收穫

秋播方面，株高長至25～30cm時，留下靠近根部的葉子4片進行採收（照片）。之後，生長出來的側芽就可陸續採收。春播方面，株高20cm左右時整株採收。

留下靠近根部的葉子，容易長出側芽

第1次採收若留下靠近根部的4片葉子，側芽就會由這地方長出來而可陸續採收。側芽長出來後，側芽下方的葉子留下2片，並可陸續採收其上方的嫩葉。

有機栽培的管理祕訣

❶ 春播在收穫時期容易抽苔，若欲大量採收側芽，建議在秋天播種。

❷ 間拔後為避免植株搖晃，將土培至植株根部。

❸ 由於葉子一被霜打到就會受傷，於11月中旬使用不織布或聚酯薄膜覆蓋隧道式支架進行栽培。

DATA

栽培月曆　•••• 播種　━ 收穫

月	1	2	3	4	5	6	7	8	9	10	11	12
寒冷地帶												
中間地帶												
溫暖地帶												

栽培資訊
科名：菊科
連作障礙：有（間隔1～2年）
病害蟲：蚜蟲、潛蠅、霜霉病等

植株大小
株高：30cm
株距：12cm　**行距**：20cm
作畦
畦床寬度70cm
（橫切式平行淺溝）

[2週前]
堆肥：1.5ℓ/㎡
伯卡西肥料：80g/㎡
微生物資材：80g/㎡
苦楝油渣：80g/㎡

田麻科

埃及國王菜

營養豐富的葉子可在夏季採收

含有豐富維他命與礦物質的埃及國王菜是一種喜好高溫的蔬菜。適合生長的溫度很高，為25～30℃，因此，在氣溫升高後再種植是栽培之重點。

在5月中種植時，鋪設覆蓋物，土壤溫度一上升，生長就非常良好。在最盛期，葉子擴展，形成大棵植株，因此，定植時，株距需設為50cm。為大量採收嫩葉，在栽培中將前端的芽摘芯，可加速側芽生長，這點非常重要。

1 定植

① 準備葉色濃綠、莖粗大的茁壯種苗。

② 鋪設覆蓋物，以行距45cm、株距50cm，在覆蓋物上互相交錯挖掘洞穴。挖掘深10cm的植穴，將灑水壺的蓮蓬頭拆下，將水注入植穴。等水完全被土壤吸收後定植種苗。

2 摘芯、追肥

為加速側芽生長，待本葉長出5～6片時，用手將植株的前端摘取（摘芯）。於7～8月間，以30g/㎡的伯卡西肥料進行追肥，每月1次。

3 收穫

待株高長至40～50cm時，將嫩枝前端細嫩部分切取10～15cm長。欲採收優質的葉子時，需避免植株過高，反覆勤加收穫為栽培重點。

種子有毒，需注意

埃及國王菜的種子含有毒物質。開花後所結的種子常被誤認為是豆莢或種子，千萬要注意避免誤食。

有機栽培的管理祕訣

❶ 因係屬高溫性的蔬菜，需鋪設覆蓋物，使土壤溫度上升可採收到優質的葉子。

❷ 為使日照及通風良好，株距需寬敞（50cm）。

❸ 為避免植株過高，需頻繁密集採收。

DATA

栽培月曆

••••播種　━━定植　━━收穫

月	1	2	3	4	5	6	7	8	9	10	11	12
寒冷地帶					播種、定植	定植	收穫	收穫	收穫			
中間地帶				播種	播種、定植	定植	收穫	收穫	收穫			
溫暖地帶			播種	播種、定植	定植	收穫	收穫	收穫				

栽培資訊
科名：田麻科
連作障礙：有（間隔1～2年）
病害蟲：蚜蟲、二斑葉蟎等

植株大小
株高：70～80cm
株距：50cm
行距：45cm（2行交錯）
作畦
畦床寬度70cm

[2週前]
堆肥：1.5ℓ/㎡
伯卡西肥料：40g/㎡
微生物資材：100g/㎡
苦楝油渣：100g/㎡

旋花科

空心菜

不需費心栽培的強韌蔬菜，可不斷採收生長出來的莖葉

原產於熱帶亞洲，性喜高溫多濕的氣候。類似地瓜藤的空心菜藤，切面呈中空狀，因而被取名為「空心菜」，其他亦有稱為「朝顏菜」、「應菜」。亦可由種子開始栽培，但家庭菜園若只栽培數株，則以購買種苗較為簡單。株高達25cm時將前端摘芯，使側芽生長為栽培重點。整個夏天都可採收到細嫩的莖葉。

1 定植

① 購買市售的種苗。買不到種苗時，可將種子撒在花盆或穴盤中進行育苗。株高5～10cm時定植在菜園中。

② 將畦床高度降低，以30cm株距挖掘植穴後定植。最後充分澆水。

2 摘芯

株高長至25cm左右時，下面的葉子留下5～6片，用剪刀將前端剪下（摘芯）。如此就可促使側芽發生。

3 追肥

摘芯後，為加速蔓的生長，以伯卡西肥料30g/m²進行追肥，並覆土。其後每月1次進行同樣追肥。

4 收穫

側芽長至30cm左右為採收適期。用剪刀剪下柔軟的枝莖。在收穫最盛時期，藤蔓會向四方伸展，甚至會蔓延到相鄰的空間，需勤加收割。

DATA

栽培月曆　　‧‧‧‧ 播種　━ 定植　━ 收穫

月	1	2	3	4	5	6	7	8	9	10	11	12
寒冷地帶												
中間地帶												
溫暖地帶												

栽培資訊
科名：旋花科
連作障礙：有（間隔1～2年）
病害蟲：幾乎沒有

植株大小
株高：40cm
株距：30cm　**行距**：45cm
作畦
畦床寬度70cm

[2週前]
堆肥：1.5ℓ/m²
伯卡西肥料：40g/m²
微生物資材：100g/m²
苦楝油渣：100g/m²

有機栽培的管理祕訣

❶ 不耐寒冷，在5月中定植時，需鋪設覆蓋物，以提高土壤溫度。
❷ 一乾燥生長就會不佳，因此，土壤乾燥時需澆水。
❸ 會由伸展的藤蔓長出根來擴展生長，需勤加切割兼可採收。

菠菜

藜科

選種春天之前不會抽苔的品種

喜好涼爽的氣候，適合春季或秋季栽培。有東洋種、西洋種、雜交種（東洋種與西洋種交配）等各種品種，依栽培季節選擇適當品種種植相當重要。特別是東洋種具有容易抽苔的性質，並不適合在春天播種，需加以注意。從播種至收穫需50～60日。25℃以上時，容易感染霜霉病，因此需避開仲夏的栽培。

1 播種

① 用角材或木板片等按壓畦床，作成寬、深各1cm的播溝（橫切式平行淺溝。參閱29頁），行距為20cm。將厚紙板對摺後將種子放在上面，以1cm間距播入溝中。春播於進入3月之後，秋播則於9月底以後。

② 於播溝兩側的土壤進行培土，覆蓋在種子上，用手輕壓後，使用裝有蓮蓬頭的灑水壺澆水。

2 間拔、追肥

第1次

一致發芽時，為避免葉子交疊，用剪刀進行間拔。

第2次

發芽後，待本葉長出2～3片時，以5～6cm間距進行間拔。間拔後，以伯卡西肥料30g/㎡於行間進行追肥並培土，使生長良好。

第3次

株高10～15cm時，以10cm間距進行間拔，並和第2次一樣進行追肥。

3 收穫

株高20～25cm時採收。由於根深入伸展，可用鐮刀或剪刀貼地面收割。秋播的葉子會在地面爬行伸展，因此，若未將刀子插入土中切斷植株根部，葉子就會凌亂不堪，必須十分注意。

DATA

栽培月曆　····播種　━━收穫

月	1	2	3	4	5	6	7	8	9	10	11	12
寒冷地帶				播種	播種	收穫	收穫	播種	收穫	收穫		
中間地帶			播種	播種	播種／收穫	收穫			播種	播種／收穫	收穫	收穫
溫暖地帶	收穫	收穫	播種	播種／收穫	收穫	收穫			播種	播種	收穫	收穫

栽培資訊

科名：藜科

連作障礙：有（間隔1～2年）

病害蟲：蚜蟲、斜紋夜盜蟲、霜霉病等

植株大小

株高：25～30cm

株距：10cm　**行距**：20cm

作畦

畦床寬度70cm

（橫切式平行淺溝）

[1個月前]

有機石灰：60g/㎡

[2週前]

堆肥：1.5ℓ/㎡

微生物資材：150g/㎡

有機栽培的管理祕訣

❶ 為預防菠菜的大敵霜霉病，需選擇對霜霉病具有抵抗力的品種。

❷ 春播時，選擇不易抽苔（晚抽性）的品種。

❸ 在夜間有燈光（外面燈光或室內照明）照射的場所栽培容易抽苔，需慎選栽培場所。

長蔥

百合科

每月培土一次，使葉鞘部伸長

選擇株長25～30cm、莖粗1cm左右的種苗，在深約20cm的溝中，以5cm的間距定植。長蔥忌過濕，而根部生長時需足夠的空氣（氧氣），因此，定植後用稻草將根的部分覆蓋。定植一個月後，每月1次將土培至蔥葉分歧部分，避免照到陽光，可使葉鞘部（蔥白部分）伸長。為促進生育生長，第1～2次培土時也進行追肥。

1 定植

① 於定植當日挖掘深20cm的植溝。植溝掘成東西方向，使種苗可照射到陽光。為防止土壤崩落，在掘溝前不翻土。

定植粗細一致的種苗

以同樣粗細的種苗並排種植為佳。粗的苗株會迅速成長，因此，從一開始苗株就整齊劃一，較容易採收。此外，種植粗細一致的長蔥，也具有防止細苗的生長勢輸給粗苗而溶解掉的效果。

② 在溝中以5cm株距將蔥苗立起，再用土輕覆至根部看不見後，用手壓實。

③ 根用腳踩踏以穩固根部，避免風吹搖晃。

④ 在溝中布滿稻草，蔥葉分叉處（分歧處）以下全部滿布稻草。稻草的功用既可防止乾燥，同時所形成的空氣層可將氧氣充分供給根部。

有機栽培的管理祕訣

1. 為預防染病，定植前將蔥苗枯黃的葉子摘除。
2. 鋪在植株根部的稻草可用玉米的枯莖（切成細碎）或割草代替。
3. 每月一次進行基部培土，可培育出長又白嫩的優質長蔥。

DATA

栽培月曆　　•••• 播種　— 定植　— 收穫

月	1	2	3	4	5	6	7	8	9	10	11	12
寒冷地帶												
中間地帶												
溫暖地帶												

※中間地帶的可以春種夏收，因為育苗時間長，建議購入幼苗。

栽培資訊
科名：百合科
連作障礙：有（間隔1～2年）
病害蟲：蚜蟲、霜霉病、銹病等

植株大小
株高：60～70cm
株距：5cm　**行距**：90cm
作畦
溝寬20cm

[1個月前]
有機石灰：100g/㎡
[2週前]
堆肥：1.5ℓ/㎡
伯卡西肥料：100g/㎡

2 追肥、培土

第1次

① 定植1個月後進行第1次追肥。將伯卡西肥料50g/㎡撒布在溝旁隆起的土壤上，並與土壤輕輕混合。

② 在溝中將肥料與土壤一起培土至可隱藏稻草的程度（第1次培土）。若用土壤掩埋至蔥葉分叉處不利生長，必須注意。

第2次以後

第1次追肥的1個月後進行第2次追肥。將伯卡西肥料50g/㎡撒布在溝旁隆起的土壤上，並與土壤輕輕混合。將土壤培至蔥葉分叉處下方，高度約10cm左右。其後繼續每月培土一次至收穫為止（第3次以後不需追肥）。

3 收穫

① 最後1次培土的1個月後，已長成粗2cm左右的長蔥。由長得最粗的蔥依序採收。用力拔起會將葉子拔斷，因此，用鋤頭在蔥株的旁邊往下深掘，使葉鞘部露出來。

② 雙手握住葉子，往旁傾斜就可拔起。葉鞘部的長度若達30～40cm時就是栽培成功。可在菜園中種至2月左右，但進入3月後就會抽苔形成花蕾（蔥花），失去風味，因此需在之前採收。

1. 在植溝的兩側分3～4次將土培至土堆上

分3～4次進行培土，可使葉鞘部（蔥白部分）粗大，培育成長得高又白嫩的蔥。欲定植蔥苗而挖掘植溝時，將挖起的土壤堆在溝的兩側。其後每月進行1次培土，將土壤打碎放入溝中，第3～4次培土時，將兩側的土挖起堆成土堆一般。只有第1與第2次培土時才進行追肥。如圖示，在土堆的肩部撒布伯卡西肥料。

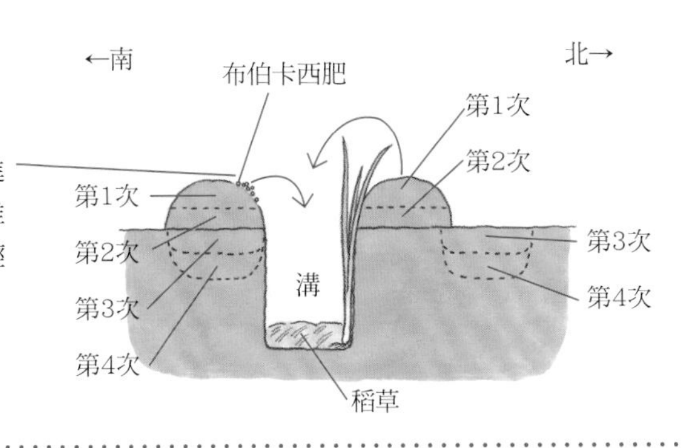

2. 將土壤培至蔥葉分叉處下方

如下方圖示的方式，每次各培10cm土壤。在葉子的分歧處有生長點，若被土埋住將不利於生長，將土壤培至其正下方處乃是栽培的重點。

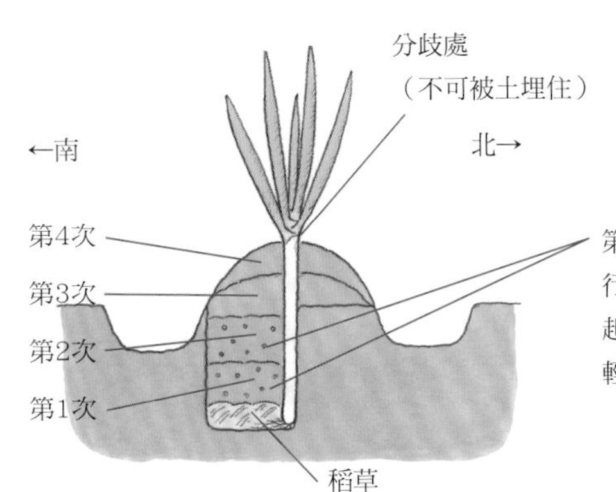

洋蔥

百合科

準備粗約4～5㎜的種苗，以20㎝間距定植

種植洋蔥時，選擇根部粗約4～5㎜的種苗。根若太細會不耐冬天的寒冷氣溫而影響生長；太粗則會因適應寒冷而長出花芽，在翌春就會抽苔。若將土埋至葉子的分歧處（生長點），葉子就不會生長，因此，以淺植方式，白色部分約有1／3在地面上可見的程度即可。株距若設為寬敞的20㎝，當結成霜柱，根部浮起時，可在株距間用腳踏實，並使莖球長成大顆。

1 定植

① 選擇適合定植大小的種苗。苗株根部白色部分的粗細以4～5㎜的種苗較為理想（照片左）。太細的種苗（左）與太粗的種苗（照片右）均予排除。

× ○ ×

② 在畦床上以株距與行距均為15～20㎝的間距，標上定植位置的記號。莖的白色部分約有1/3在地面上可見的程度進行定植。以手用力將周圍土壤壓實，使根與土壤密合。

2 預防霜柱方式

撒布稻殼灰

洋蔥種苗碰到結成霜柱時，根部會浮起導致枯萎。若在株距間撒布稻殼灰，因稻殼顏色（黑色）會吸收太陽的熱量，使土壤溫度上升，具有迅速溶解霜柱的效果。於12月左右，撒在地面的土壤中至隱約可見的程度。

用腳將霜柱踩碎

越冬中結成霜柱時，用腳在株距間踩踏，可避免根部浮起。

3 追肥

於2月下旬，為促進葉子生長，以伯卡西肥料50g/㎡進行追肥，並在株距間進行中耕。

4 收穫

整體葉子有7～8成伏倒時，在天氣晴朗的上午拔起採收，放在菜園中乾燥至傍晚。

DATA

栽培月曆　— 定植　— 收穫

月		1	2	3	4	5	6	7	8	9	10	11	12
寒冷地帶	中晚生						收穫	收穫			定植		
中間地帶	早生			收穫							定植		
	中生					收穫						定植	
	中晚生					收穫						定植	
溫暖地帶	極早生			收穫							定植	定植	
	早生			收穫							定植		
	中生					收穫						定植	
	中晚生					收穫						定植	

栽培資訊

科名：百合科

連作障礙：少（間隔1年）

病害蟲：蚜蟲、種蠅、霜霉病、銹病等

植株大小

株高：50～60㎝

株距：15～20㎝

行距：15～20㎝

作畦

畦床寬度70㎝

[1個月前]

有機石灰：100g/㎡

[2週前]

堆肥：3ℓ/㎡

伯卡西肥料：60g/㎡

微生物資材：100g/㎡

有機栽培的管理祕訣

❶ 為使每顆球莖都長得碩大，需使株距寬敞。

❷ 以覆蓋物栽培時，使用在覆蓋物上開有15㎝間距的洞穴為宜。

❸ 若3月以後追肥，球莖的上部已形成空隙，容易造成腐爛，因此於2月下旬就需追肥完畢。

栽培篇
香味蔬菜

● 有關使用於土壤培肥的資材，請參閱18～21頁。
● 土壤培肥與作畦的具體方法，請參閱24～25頁。
● 管理作業的詳情，請參閱28～49頁。

生薑

在梅雨結束前鋪設稻草，可保護植株，避免夏天乾燥

生薑為喜好高溫的蔬菜，在春天定植種薑，秋天就可收穫。購買長有很多芽的鮮嫩種薑，分割成每塊約60g前後，且均長有2～3個芽的薑塊進行定植。夏季的晴天若持續乾燥，根就不會長大，因此，在梅雨結束前鋪設稻草，避免植株根部受到強烈陽光照射。每月1次進行追肥及培土，可促進生育生長，於7月中旬～8月可採收葉薑，9月下旬～11月可採收根薑。

1 定植

① 準備種薑。將大的種薑分割成每塊約60g，上面均長有2～3個芽的薑塊。

② 在寬15cm、深10cm的溝中施肥，覆蓋上5cm左右的土壤後，將種薑的芽朝上，以15cm間距並排。種薑的種植方向與畦床呈垂直定植。覆蓋上土壤後，將土壤稍堆高，淺植後澆水。

鋪設稻草後澆水

生薑不喜乾燥，在梅雨結束前，於植株根部敷設稻草以防乾燥。土壤乾燥時就充分澆水，使生育生長良好。

2 追肥、培土

定植1個月後，植株長高時，以伯卡西肥料50g/㎡進行追肥並培土。之後也是一個月1次進行追肥、培土。

3 收穫

於7月中旬～8月間採收葉薑時，壓著根部，手握莖的部分折斷採收。9月下旬以後採收的根薑則整株拔取採收（照片）。莖葉開始呈黃色時就是收穫期，但可依所吃的份量採收，在霜降前採收完畢即可。

有機栽培的管理祕訣

❶ 忌連作，選擇4～5年未種植過生薑的場所栽培。

❷ 一乾燥，根就不會肥大，因此需鋪設稻草以防乾燥。晴天一直持續時需澆水。

❸ 不耐寒冷。在氣溫上升後再種植，在初霜前收穫。

DATA

栽培月曆

— 定植　— 收穫（葉薑）　•••• 收穫（根薑）

月	1	2	3	4	5	6	7	8	9	10	11	12
寒冷地帶					定植	定植		收穫（葉薑）	收穫（葉薑）	收穫（根薑）	收穫（根薑）	
中間地帶				定植	定植		收穫（葉薑）	收穫（葉薑）	收穫（根薑）	收穫（根薑）	收穫（根薑）	
溫暖地帶				定植		收穫（葉薑）	收穫（葉薑）	收穫（葉薑）	收穫（根薑）	收穫（根薑）	收穫（根薑）	

栽培資訊

科名：生薑科
連作障礙：有（間隔4～5年）
病害蟲：線蟲動物、亞洲玉米螟、塊莖腐敗病等

植株大小

株高：60～70cm
株距：15cm

作畦

畦床寬度20cm、走道寬度50cm

[1個月前] **有機石灰**：40g/㎡
堆肥：2ℓ/㎡
[定植時] ※植溝施肥
堆肥：1ℓ/㎡
伯卡西肥料：100g/㎡
微生物資材：100g/㎡

韭菜

百合科

初期生育生長遲緩，建議從種苗開始栽培

雖然可由種子開始栽培，但建議由種苗開始較容易培育，至收成期間也較短。一旦定植後，連續數年間可在同一場所栽培，以在菜園的一角，不會干擾其他蔬菜的場所種植。

第1年植株為年輕的韭菜，不要期望會有太多的收穫，第2年以後每年可收成3～4次。定期進行追肥與培土，收割時留下距根部約3cm高的部分，葉子會再陸續長出，可享受反覆採收的樂趣。

1 定植

① 購買市售的種苗，在畦床的中間以30cm株距並排種植。

② 掘深10cm的植穴，以灑水壺注水。水被土壤吸收後定植種苗。在苗株周圍如畫圓形一般澆水，需避免澆到葉子。

鋪設稻草可防雜草生長

土壤一乾燥，葉子的成長就會受到影響，因此，在根部鋪設稻草可保持濕度。鋪設稻草後，雨水不會直接打到土壤，具有防止土壤表面變硬致空氣及水流通不良的效果。

以看不到土壤的厚度鋪設稻草。

2 追肥、培土

為促進葉子生育生長，定植1個月後，植株長高時，以伯卡西肥料50g/㎡進行追肥並培土。之後每年2次在春季與秋季各進行1次追肥與培土。

3 收穫

株高25～30cm時，留下距根部約3cm高的部分，以剪刀或鐮刀收割。之後葉子會再陸續長出，可多次採收。若不收割任其生長，葉子會變硬，因此一長高就收割，使新葉陸續長出。

DATA

栽培月曆　— 定植　— 收穫

月	1	2	3	4	5	6	7	8	9	10	11	12
寒冷地帶				第二年後				第一年				
中間地帶			第二年後					第一年				
溫暖地帶			第二年後		第一年							

栽培資訊
科名：百合科
連作障礙：有（間隔1～2年）
病害蟲：蚜蟲、薊馬、銹病等

植株大小
株高：30cm
株距：30cm　**行距**：50cm
作畦
畦床寬度20cm、走道寬度30cm

[1個月前]
有機石灰：80g/㎡
堆肥：1ℓ/㎡
[2週前] ※植溝施肥
堆肥：1ℓ/㎡
伯卡西肥料：100g/㎡

有機栽培的管理祕訣

❶ 每月1次進行追肥及培土，可促進葉子的生長。
❷ 第1年的收穫保守，儘量讓植株養生，第2年就豐收可期。
❸ 12月左右收割地上部分後，以伯卡西肥料50g／㎡做為禮肥，使生長良好。

百合科

大蒜

以追肥、摘芽、摘蕾，培育出大顆的蒜頭

大蒜有暖地型品種與寒地型品種，欲採收品質良好的大蒜，建議選擇適合栽培地區的原生種（一般種植寒地型的白色六瓣蒜，栽培地區從關東至溫暖地帶範圍廣泛）。栽培期間長達8～9個月，因此，需確實施加堆肥及肥料。翌春進行的追肥、摘芽、摘蕾的作業也不可錯過時機。

1 球根的準備

取得大蒜的球根（種球）。將外側的薄膜輕輕剝掉，一瓣瓣分開來。

使用品質優良的種球

做為種球之用，需避免買到供食用的大蒜，選擇市售栽培用的碩大且外形美觀的種球。每一蒜瓣均需詳加檢查確認，剔除有染病跡象的、腐爛的或小的種球。

2 定植

① 使用三角鋤頭等以30cm間距挖掘深5cm的植溝。照片中之植溝係和畦床呈直角所做成的橫切式平行淺溝（參閱29頁）。

② 將種球尖端的部分朝上，在溝中每一種球各以15cm的間距壓入土壤中。

③ 覆蓋5cm左右的土壤，並以手輕壓。充分澆水，使土壤濕潤。

有機栽培的管理祕訣

❶ 選擇適合栽培地區的品種（暖地型或寒地型）。

❷ 選擇市售栽培用的碩大且外形美觀的種球。

❸ 過晚種植會因寒冷而無法發芽，需遵守定植時期。

DATA

栽培月曆　— 定植　— 收穫

月	1	2	3	4	5	6	7	8	9	10	11	12
寒冷地帶						收穫	收穫		定植			
中間地帶					收穫	收穫			定植			
溫暖地帶					收穫	收穫			定植			

栽培資訊
科名：百合科
連作障礙：有（間隔1～2年）
病害蟲：蚜蟲、甜菜夜蛾等

植株大小
株高：50cm
株距：15cm　**行距**：30cm
作畦
畦床寬度70cm
（橫切式平行淺溝）

[1個月前]
有機石灰：80g/㎡
堆肥：1ℓ/㎡
[2週前] ※植溝施肥
伯卡西肥料：60g/㎡

4 摘芽

葉子長至10～15cm時，從一種球中會長出2根以上的鱗芽，按住欲留下的鱗芽之植株根部，將小的鱗芽摘除。摘取的葉子可做為蒜葉食用。

5 摘蕾

5月左右，在葉子前端會長出花蕾，用手由基部折斷（摘蕾）。如此可培育出大顆的蒜頭。摺下來的花莖可做為蒜花食用。

6 收穫

6月左右，葉子變黃時就是採收適期。在晴天的日子，握住根部拔出。由於葉子若連著根部放置會變硬，且很難切下，收穫後需立即用剪刀剪下。在菜園中曬乾1～2日後垂吊在通風場所良好的場所貯存。

越冬中進行除草及中耕

大蒜極耐寒冷，越冬中不需防寒措施。有時需除去植株周圍的雜草，以及用三角鋤頭或小耙子等翻鬆表面變硬的土壤（中耕），使根部生長良好。

3 追肥、中耕、培土

翌年2月下旬～3月上旬以伯卡西肥料40g/㎡在行距間進行2次追肥。

追肥後用移植鏝等進行中耕及培土。

百合科

紅蔥頭

枝分叉後長出的葉子可反覆收穫

少了大蒜撲鼻的辛辣味，以溫和風味而受人歡迎的紅蔥頭，做為調味品的使用範圍廣泛，且容易栽培，魅力十足。從植株根部茂盛地分蘖的葉子可反覆收穫，因此，在園裡的一個角落種上幾株就可方便使用。種植稱為種球的球根，約2個月就可開始採收。在翌年的初夏進入休眠，地上部分會枯萎，可將球根掘出，做為下年用的種球。

1 定植

① 準備種球。將外側的薄膜剝掉，分成各2球瓣。剔除有腐爛跡象的種球，因在定植後容易染病。

② 在畦床的中間以15cm間距，每處各集2～3種球瓣定植。將鱗芽部分朝上，以鱗芽稍微露出地面的深度埋入土中。因種球中含有水、養分，定植後不需澆水。澆水容易造成種球腐爛，需加以注意。

2 追肥、培土

定植1個月後，植株長高時，在植株根部以伯卡西肥料50g/㎡進行追肥並培土。之後每月1次進行同樣的追肥及培土。

3 收穫

株高25～30cm時，用鐮刀或剪刀在距植株根部3～4cm之處切下採收。冬天期間地面部分會枯萎，但到了翌春葉子會再生出來，至4月左右可再收穫。

越冬方法？

冬季期間地上部分枯萎時，將枯葉處理掉後，撒布伯卡西肥料50g/㎡做為禮肥，並培土。於6～7月的休眠期，將球根掘出乾燥後可做為移植用的球根。

冬天的禮肥樣貌。

有機栽培的管理祕訣

❶ 在寒冷地帶，建議栽培耐寒性極強的日本細香蔥（葉子比紅蔥頭稍細，蝦夷蔥的變種）。

❷ 選擇外形蓬鬆，鱗芽長出約5㎜的種球。

❸ 為預防種球腐爛，定植後暫不需澆水。

DATA

栽培月曆　—定植　—收穫

月	1	2	3	4	5	6	7	8	9	10	11	12
寒冷地帶			收穫	收穫				定植		收穫		
中間地帶			收穫	收穫				定植	定植	收穫	收穫	
溫暖地帶			收穫	收穫				定植	定植	收穫	收穫	收穫

※在寒冷地帶，建議栽培耐寒性極強的日本細香蔥。

栽培資訊
科名：百合科
連作障礙：有（間隔1～2年）
病害蟲：薊馬、潛蠅等

植株大小
株高：25～30cm
株距：15cm　**行距**：30cm
作畦
畦床寬度50cm

[1個月前]
堆肥：1.5ℓ/㎡
伯卡西肥料：70g/㎡

紫蘇科

百里香

葉子交疊時需果斷疏伐

細葉茂密生長的百里香味道清香是其特徵。除了可用來除去肉及魚類的腥味外，還可做為各種料理的香料，為調味聖品。各種品種之中特別容易使用的是木立百里香。於春天或秋天取得種苗定植後，一整年都可享受採收樂趣。枝葉交疊時，就在靠近植株根部進行疏伐，使植株清爽舒暢。不需澆太多水，培育成具有乾爽風味，是使植株長久存活的祕訣。

1 定植

① 百里香種苗。選擇株高10cm左右、葉色濃綠、無枯葉及無染病跡象的種苗。

② 以20cm間距定植種苗。挖掘深10cm的植穴，以拆下蓮蓬頭的灑水壺注水。水被吸收後定植種苗。用手壓實植株根部，以避免搖晃。澆水時需避免澆到葉子。

2 培土

定植1個月後，植株長高時，用鋤頭將土培至植株根部。培土可將變硬的土壤翻鬆，使根部生長良好，且雜草不易生長。之後每月進行同樣培土1次。

3 收穫

葉子長至25～30cm時，在距根部3～4cm之處用剪刀收割。

鋪設稻草可促進成長

鋪設稻草可防止植株根部水分蒸發，並保持土壤適當的濕度，可加速植株成長。此外，也可預防雨天被泥水濺到而染病，以及冬天期間也具有防寒保護植株的效果。

鋪設稻草的厚度，以看不到地面的程度。若無稻草也可用腐葉土或樹皮片代替。

有機栽培的管理祕訣

❶ 因不耐濕熱，當枝葉交疊時，疏伐至植株根部，除可兼採收外，也可使植株通風良好。

❷ 一開花就會使葉子的香味變淡，因此，開花時就全部收割。

❸ 植株根部潮濕容易產生濕熱，可用稻草或腐葉土覆蓋。

DATA

栽培月曆　— 定植　— 收穫

月	1	2	3	4	5	6	7	8	9	10	11	12
寒冷地帶												
中間地帶												
溫暖地帶												

栽培資訊
科名：紫蘇科
連作障礙：有（間隔1～2年）
病害蟲：無特別

植株大小
株高：40cm
株距：20cm
作畦
畦床寬度30cm

[1個月前]
有機石灰：80g/㎡
堆肥：1ℓ/㎡
伯卡西肥料：40g/㎡

紫蘇科

鼠尾草

不耐夏天暑熱與溼氣 修剪枝葉以利通風

使用於消除肉類腥味的香草，也是製造香腸上所不可或缺的一種香草而聞名。在調理上被廣泛使用的是普通鼠尾草，銀色發亮的葉子為夏天的菜園增添涼意。雖生性強健，但不耐夏天的高溫多濕，葉子一遇濕熱，整株就會枯萎，交疊時就修剪枝葉兼採收，使植株根部清爽是栽培重點。

1 定植

① 鼠尾草種苗。亦可由種子開始栽培，但只種數株時，購買市售的種苗較為方便。選購種苗時以葉數多及葉子有光澤的種苗較佳。

② 株距設為20cm定植種苗（若連續數年在同一場所種植時，株距設為40cm）。挖掘深10cm的植穴，用手壓實植株根部，以避免搖晃。澆水時需避免澆到葉子。

2 追肥、培土、摘芯

定植1個月後，植株長高時，在植株根部以伯卡西肥料20g/㎡進行追肥並在植株根部進行培土，以避免植株搖晃。之後每月1次進行同樣的追肥及培土。當株高成長至15～20cm時，將枝頭摘芯。如此可使下方側枝生長出來，而可採收到大量的葉子。

3 收穫

株高25～30cm時，可僅採摘所需食用部分的葉子。

DATA

栽培月曆　……播種　—定植　—收穫

月	1	2	3	4	5	6	7	8	9	10	11	12
寒冷地帶												
中間地帶												
溫暖地帶												

栽培資訊
科名：紫蘇科
連作障礙：有（間隔2～3年）
病害蟲：二斑葉蟎類等

植株大小
株高：60～90cm
株距：20cm
作畦
畦床寬度30cm

[1個月前]
堆肥：1.5ℓ/㎡
伯卡西肥料：150g/㎡

有機栽培的管理祕訣

❶ 因不耐高溫多濕，在梅雨前後需常修剪枝葉，除可兼採收外，也可使植株通風良好。

❷ 雨天泥水四濺，下方的葉子容易被汙泥濺到而染病，可在植株根部鋪設稻草及樹皮碎片。

❸ 下方枯萎的葉子適當摘除可預防疾病。

紫蘇科

羅勒

為增加葉子的收穫量，培育成茂密的形狀

氣味清爽芳香的羅勒，與麵食（Pasta）及披薩等義大利料理很搭配，葉子可點綴料理，或做成醬狀的調味品等用途廣泛。不耐寒冷，定植最好是在5月中旬以後。定植起1個月後進行追肥，栽培時植株若能避免受到乾燥，整個夏天都可採收到新鮮的葉子。摘芯及採收後，側枝成長，培育成茂密狀態，葉子的收穫量可倍增。

1 定植

① 羅勒種苗。選擇葉色濃綠、莖粗大、葉與葉間簇擁著的種苗。

② 挖掘株距30cm、深10cm的植穴定植種苗。澆水時需避免澆到葉子，在植株的周圍充分澆水。

2 追肥、培土、摘芯

為促進生育生長，定植1個月後，撒布伯卡西肥料20g/㎡，並在植株根部進行培土。當植株長至25cm高時，以剪刀將枝頭剪掉（摘芯）。如此可使側枝生長茂盛，每株都可採收到大量的葉子。

3 收穫

側枝長高時，摘取所需葉子。由葉子的基部切下，或側枝已長大，將葉子正上方的莖切下。

DATA

栽培月曆

— 定植 — 收穫

月	1	2	3	4	5	6	7	8	9	10	11	12
寒冷地帶					定植	定植	定植／收穫	收穫	收穫			
中間地帶					定植	定植	收穫	收穫	收穫			
溫暖地帶				定植	定植	定植／收穫	收穫	收穫	收穫	收穫		

栽培資訊

科名：紫蘇科

連作障礙：少（間隔1～2年）

病害蟲：蚜蟲、二斑葉蟎等

植株大小

株高：50～80cm

株距：30cm　**行距**：50cm

作畦

畦床寬度90cm（種植2行時）

走道寬度40cm

[2週前]

堆肥：1ℓ/㎡

伯卡西肥料：100g/㎡

有機栽培的管理祕訣

❶ 亦可由種子開始栽培，但建議從種苗栽培，因至收穫的期間較短。

❷ 欲長期間採收嫩葉，栽培期間需避免乾燥及欠缺肥分。

❸ 結成花穗時，植株的生長勢就會衰弱，在形成蕾的時候就採收。

紫蘇科

紫蘇

保持水分及肥分
可使莖葉生長茂密

使用於日本料理調味用的紫蘇，在菜園裡只要種植1株就可方便使用。有青紫蘇與紅紫蘇等種類，栽培方法都相同。相對於青紫蘇的逐葉採摘，而使用於梅干著色及果汁材料的紅紫蘇一般則是在夏末整株採收。紫蘇不耐寒冷，於氣溫上升的5月中旬以後進行定植。欲採收柔嫩、形狀優美的葉子時，每隔2週需追肥1次，使莖葉茂盛。

1 定植

① 紫蘇種苗。選擇葉色濃綠、莖粗大、茁壯的種苗。

② 以株距30cm，挖掘深10cm的植穴定植種苗。澆水時需避免澆到葉子，在植株的周圍充分澆水。

2 追肥、培土

定植1個月後，每兩週1次在走道部分撒布伯卡西肥料50g/㎡，並進行培土。

3 收穫

株高30～40cm時，可開始採摘所需部分的葉子。若一次採收過多葉子，致無法行光合作用時，生長就會變弱，因此，每株需留下10片以上的葉子。

花穗可做為穗紫蘇採收

花穗長出來時，就可做為穗紫蘇採收。一開花，葉子的香味就會流失，在開花前以剪刀採收。

DATA

栽培月曆　　── 定植　── 收穫　‧‧‧‧ 育種

月	1	2	3	4	5	6	7	8	9	10	11	12
寒冷地帶												
中間地帶												
溫暖地帶												

栽培資訊
科名：紫蘇科
連作障礙：少（間隔1～2年）
病害蟲：蚜蟲、二斑葉蟎、斜紋夜盜蟲等

植株大小
株高：50～60cm
株距：30cm　**行距**：50cm
作畦
畦床寬度90cm（種植2行時）
走道寬度50cm

[2週前]
堆肥：1ℓ/㎡
伯卡西肥料：100g/㎡

有機栽培的管理祕訣

❶ 亦可由種子開始栽培，但因初期的生育生長遲緩，建議由種苗開始栽培。

❷ 土壤乾燥會導致植株生育生長不良，需充分澆水。

❸ 生育生長初期若結成花芽就無法採收到優質的葉子，因此，於日照變長的5月中旬以後再定植幼苗。

香芹

繖形花科

需經常保留10片以上的葉子，僅採收所需食用的部分

做為增添料理色彩及點綴之用，廣泛地運用於各種料理上。有葉面呈捲縮狀的荷蘭芹及呈平坦狀的義大利芹，兩者的栽培方式相同。建議由種苗開始栽培，種植後為避免乾燥，用稻草覆蓋植株根部，可經常享受到食用新鮮葉子的樂趣。所有的葉子都割下會造成植株枯萎，每次僅摘取一點點所需食用的部分即可。

1 定植、鋪設稻草

① 挖掘深10cm的植穴，株距為30cm，種苗勿種植過深。澆水時需避免澆到葉子。

② 為避免水分蒸散，可經常採收到新鮮葉子，需鋪設稻草，厚度以看不到地面的程度。

2 追肥、培土

定植1個月後，每兩週1次在植株根部撒布伯卡西肥料20g/㎡，並進行培土。

3 收穫

株高長至15～20cm，葉子片數在15片左右時開始採收。一次採收過多葉子，生長就會變弱，因此，每株需留下10片以上的葉子。

摘除植株根部的枯葉

植株根部的枯葉若不摘除，很容易由此染病，甚至造成整株枯萎的情形。一發現就勤加摘除。

變成黃色的葉子及枯葉需由基部摘除。

有機栽培的管理祕訣

❶ 一乾燥，葉子就會變硬，夏天高溫時需注意避免失去水分。

❷ 勤加收穫，使枝與枝之間清爽，可防止病害蟲。

❸ 黃鳳蝶幼蟲喜食繖形花科植物的香芹，一發現就去除。

DATA

栽培月曆　— 定植　— 收穫

月	1	2	3	4	5	6	7	8	9	10	11	12
寒冷地帶												
中間地帶												
溫暖地帶												

栽培資訊
科名：繖形花科
連作障礙：有（間隔1～2年）
病害蟲：蚜蟲、黃鳳蝶幼蟲等

植株大小
株高：20～30cm
株距：30cm
作畦
畦床寬度30cm

[2週前]
堆肥：1.5ℓ/㎡
伯卡西肥料：150g/㎡

芝麻菜

種子以1cm間距播種，間拔的菜也令人口齒留香

有著芝麻香味與帶有苦味的葉子，為義式料理所不可欠缺的人氣香草。栽培容易，若適期播種種子，約30日就可採收。因小的葉子可做為嫩菜（baby leaf）享用，因此，建議可多撒些種子，再邊間拔邊一點點採收。在暑熱時期容易發生青蟲及小菜蛾等害蟲，因此，春作在5月之前，秋作在9月中旬以後播種種子可減輕害蟲的危害。

1 播種

① 用木板等掘成深度及寬度均1cm的播溝。以20cm間距，做成和畦床呈直角的橫切式平行淺溝（參閱29頁）。在播溝中以1cm間距播種。因種子很小，將厚紙板對摺後將種子放在上面撥下播種。

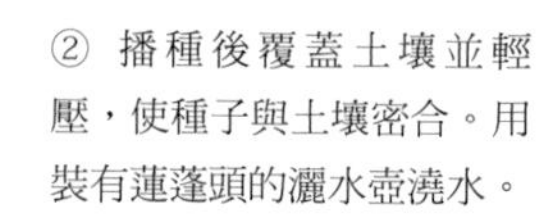

② 播種後覆蓋土壤並輕壓，使種子與土壤密合。用裝有蓮蓬頭的灑水壺澆水。

2 間拔、中耕、培土

第1次

發芽後，雙子葉展開時進行間拔，使葉子不致交疊。

第2次

待本葉長出1～2片時，間拔成5cm間距。間拔後，在行與行之間進行中耕，並將土輕輕培至植株根部，使植株生長良好。

第3次

植株長至5～6cm高時，留下茁壯的植株，間拔成株距7～8cm。與第2次一樣進行中耕及培土。

3 收穫

株高為15～20cm時為收穫適期。將整株拔起，或用剪刀貼地面收割。

有機栽培的管理祕訣

❶ 植株密集種植容易遭受病害蟲的危害。依植株的成長高度進行間拔，可使日照及通風良好。

❷ 間拔後植株若搖晃，生長狀況會變差，須將土培至植株根部。

❸ 由於容易遭受害蟲危害，須勤加巡視檢查，一發現就去除。

DATA

栽培月曆　（····播種　━收穫）

月	1	2	3	4	5	6	7	8	9	10	11	12
寒冷地帶					····	···· ━	···· ━	···· ━	···· ━	━	━	
中間地帶				····	···· ━	···· ━	···· ━	━	····	···· ━	━	━
溫暖地帶	━		····	····	···· ━	···· ━	━	━	····	···· ━	━	━

栽培資訊

科名：十字花科

連作障礙：有（間隔1～2年）

病害蟲：小菜蛾、青蟲、蚜蟲等

植株大小

株高：20～30cm

株距：7～8cm　**行距**：20cm

作畦

畦床寬度70cm

（橫切式平行淺溝的情形）

[2週前]

堆肥：1ℓ/㎡

伯卡西肥料：60g/㎡

器具與資材的選購方法

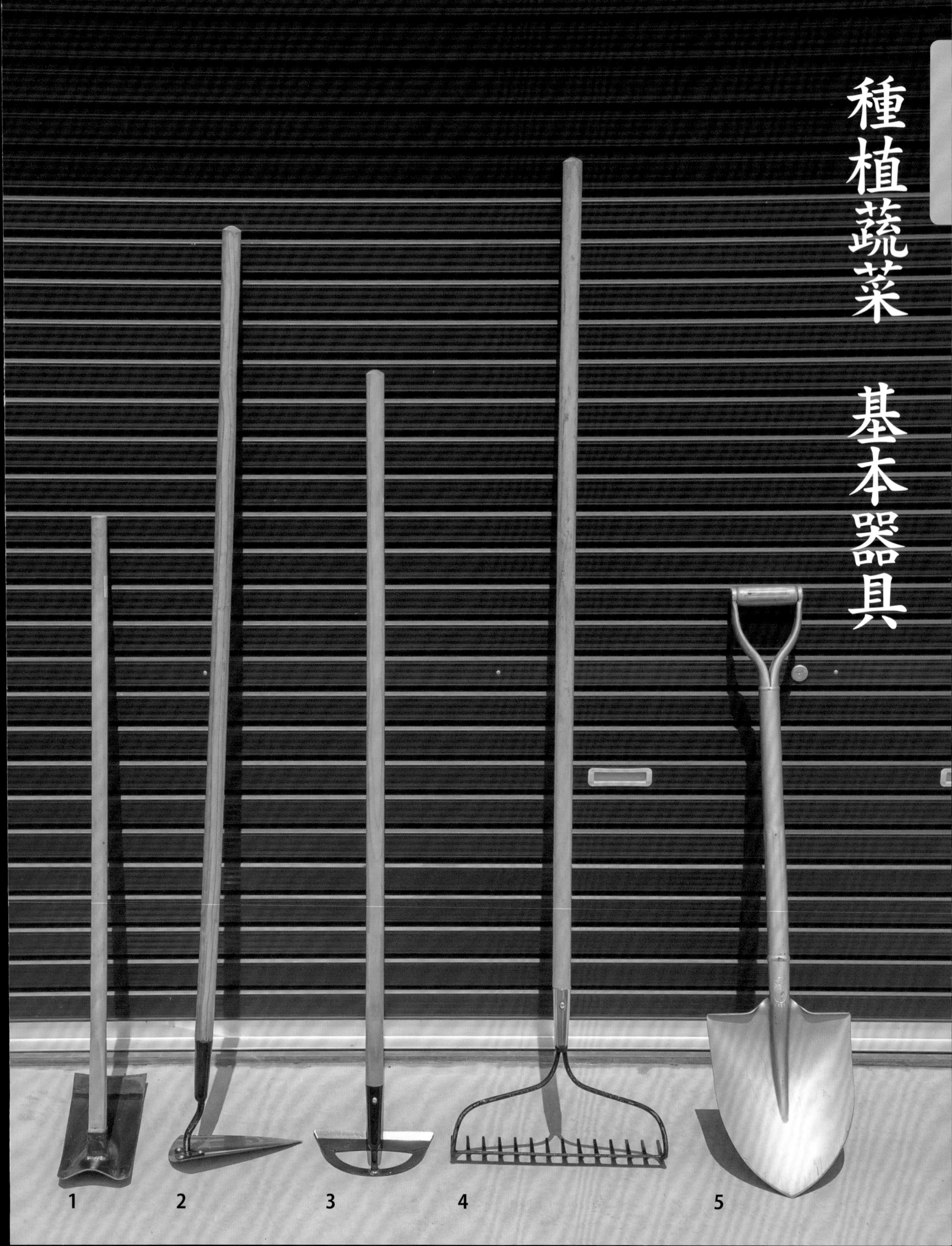
種植蔬菜　基本器具
1
2
3
4
5

3．窗形鋤頭

在刀面開洞（窗），將土壤鋤起來時，多餘的土會由此處掉落。主要用於鋤草。刀刃的橫向部分既寬又厚，對於長在稍硬土壤上的雜草也可輕易削除。

1．鋤頭

請選購這種樣式！

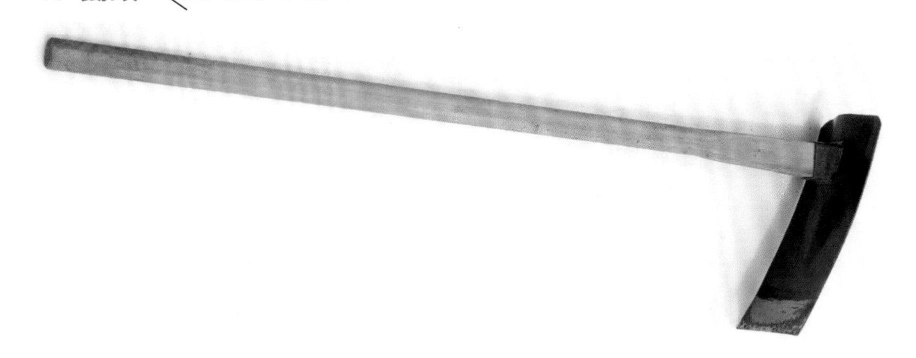

扁平鋤頭。除作畦外，還可用來翻土及培土等，使用範圍廣泛，為種植蔬菜必備的必需品。有各式各樣的種類，但一般使用柄與刀刃的角度約呈60度、刀刃長度20～30cm的扁平鋤頭。

4．耙子

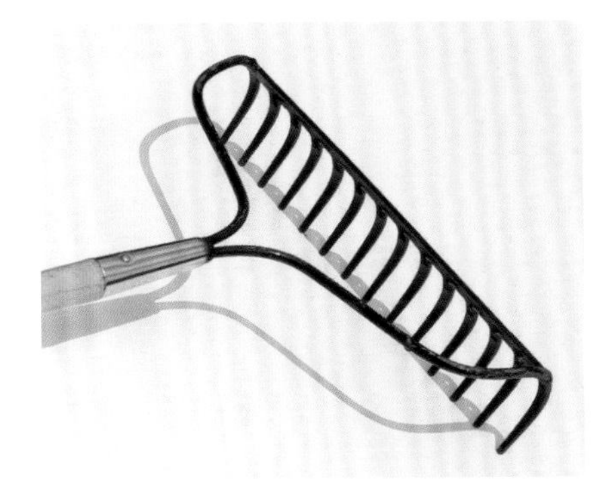

梳子形的爪是其特徵。如掃除一般移動，用於整平畦床表面、去除土塊及小石子，或將割除的雜草聚集成堆。

三爪鋤鋤頭。刀刃分成3爪，可用刀刃之爪間將土鋤起，易於深耕。

家庭鋤頭。刀刃小，輕便的鋤頭，適合於力氣較小的人使用。可靈活翻轉，在狹窄場所也可使用是其優點。

5．鏟子

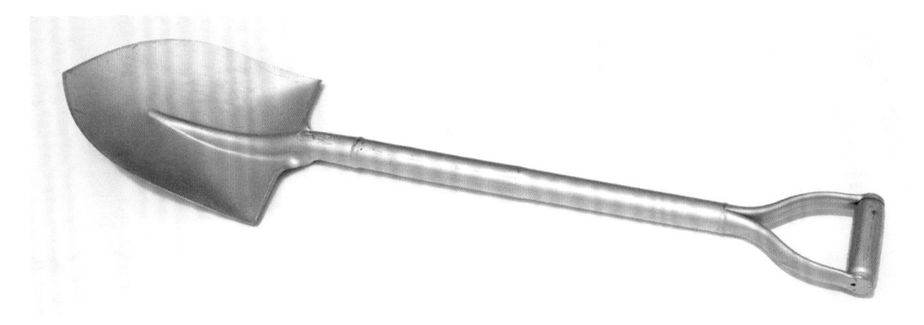

用於挖土、耕鋤、鏟土。有前端呈尖形的「劍鏟」，以及前端呈方形，不適於挖土，但土壤不易溢出的「方形鏟」。

2．三角鋤頭

主要用於中耕、培土及鋤草。由於柄很長，不需彎腰就可輕鬆作業。刀刃部分為三角形，在狹窄場所也可靈活翻轉，側面的刀刃也可同樣用來作畦。

剪刀

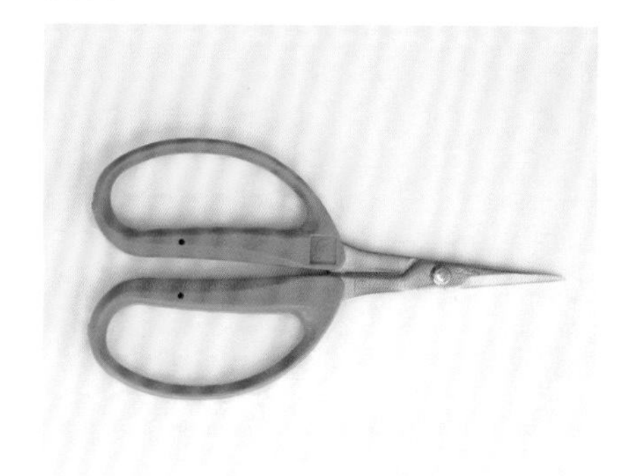

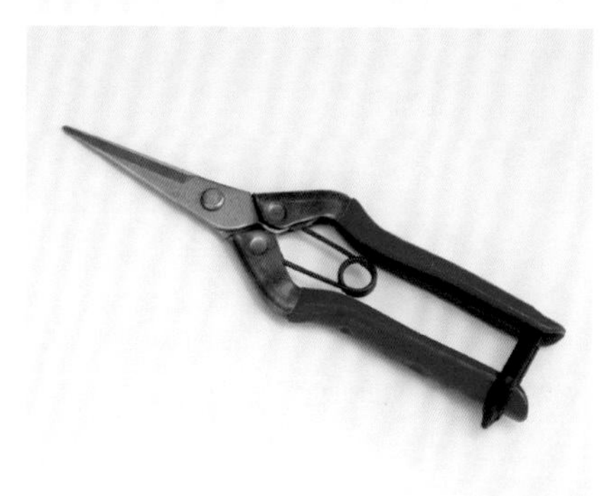

以選購萬用型剪刀為佳，可用於摘除芽及葉子、採收、剪繩子及剪切等全部作業方面。雖可用一般的剪刀替代，但若有園藝用剪刀（照片上）及工作用花邊造型剪刀就會很方便。修枝剪（照片下）上裝有彈簧，於剪除粗枝及莖時的作業非常方便。

灑水壺

以前端蓮蓬頭可拆下者為佳。建議購買容量大的灑水壺。

鐮刀

可用於割草及採收等。用於芋頭等球根類採收時割取地上部分，或韭菜及紅蔥頭等可反覆收割的蔬菜，留下植株根部，將地上部分一口氣收割時，非常方便使用。

收割刀

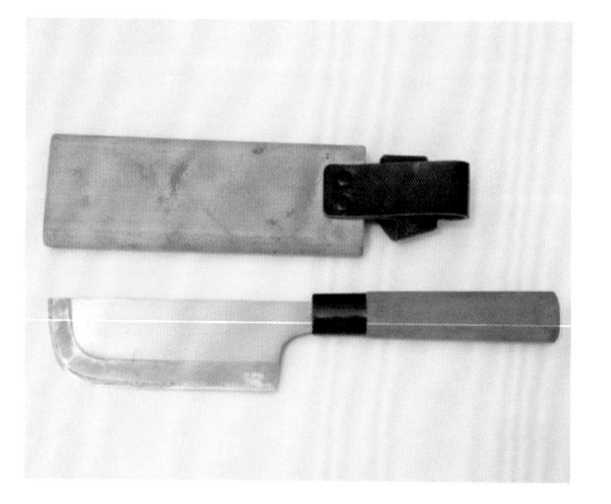

與一般切菜的菜刀不同，其刀刃成L字形是其特徵。採收高麗菜或空心菜等時，很容易就可從根部切除。建議購買附有可收納刀刃盒子的收割刀。

移植鏝

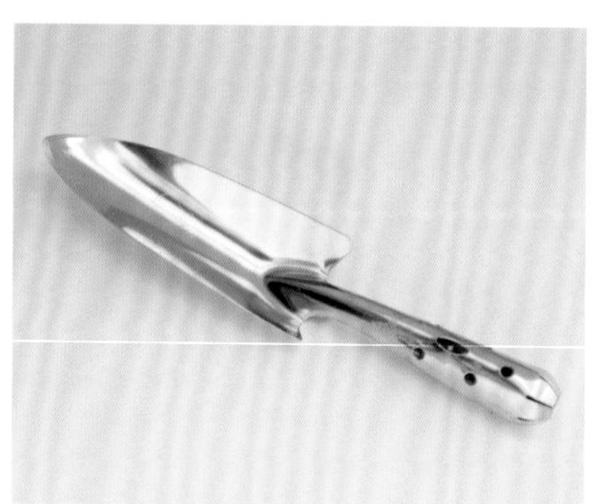

用於種植種苗時挖植穴，或培土時使用。標準型式為長約30cm，也可用來取代量尺。

麻繩

用於將莖引導往支架伸展、固定支架與支架之間、將許多植株綁在一起避免伏倒。

園藝用繩

使畦床維持筆直時，或種植種苗時拉繩引導等各方面都可使用。

量尺

測量場地劃分區塊，或測量畦寬及株距時的必需品。使用於間拔時，也可防止株距間隔不一。

噴霧器

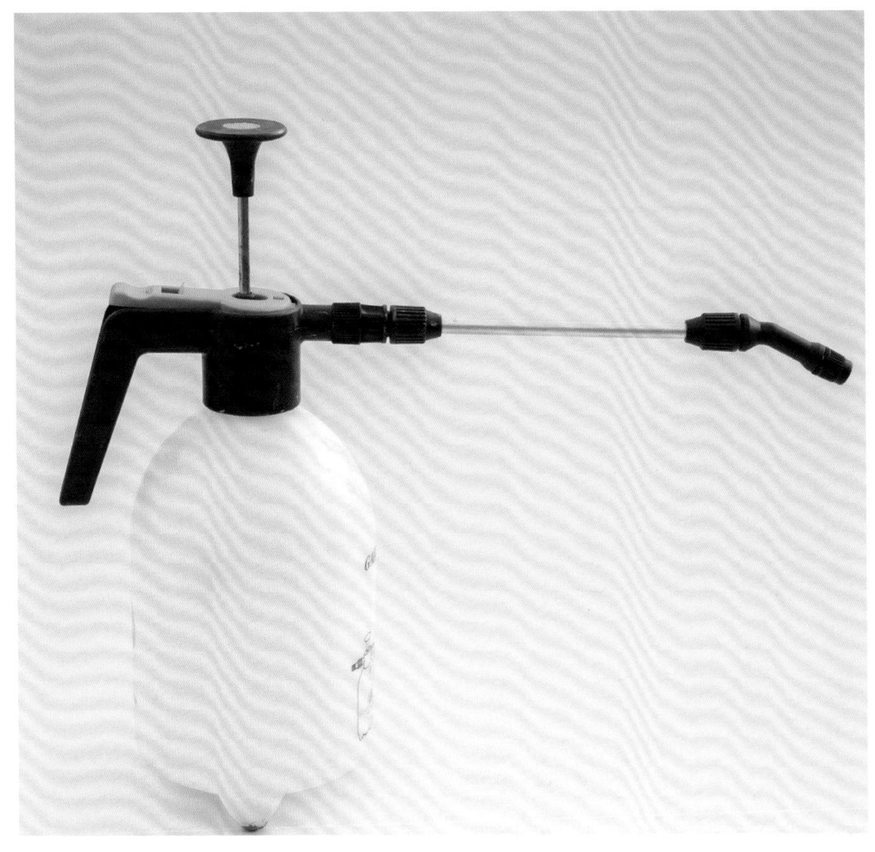

使用於噴灑苦楝萃取液或莖葉灑布液體肥料。照片為蓄壓式噴霧器，可長時間持續噴灑，非常方便。

量杯

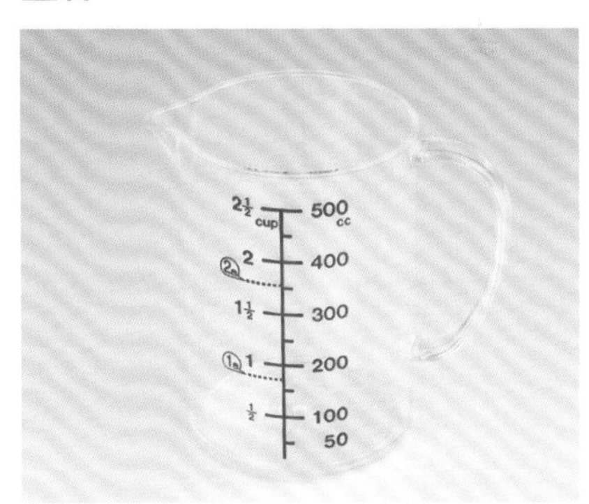

量取液體肥料時使用。具有某種程度的容量。建議選購刻度容易看得見的量杯。

園藝用標籤

使用於記載有關播種或種植時的日期及品種。使用油性筆書寫就不需擔心筆跡會因下雨而消失。

支柱與覆蓋資材

隧道式用支柱

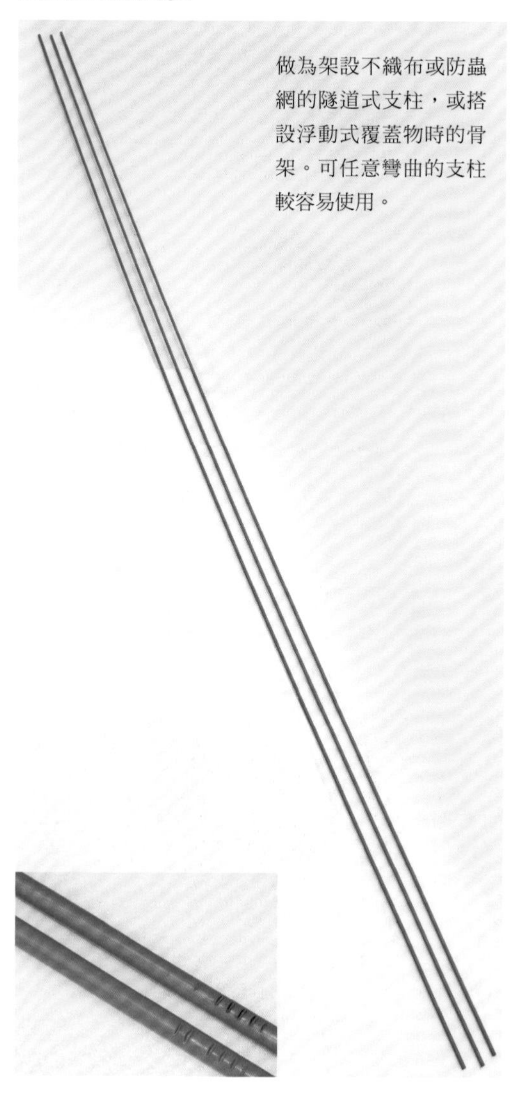

做為架設不織布或防蟲網的隧道式支柱，或搭設浮動式覆蓋物時的骨架。可任意彎曲的支柱較容易使用。

支柱

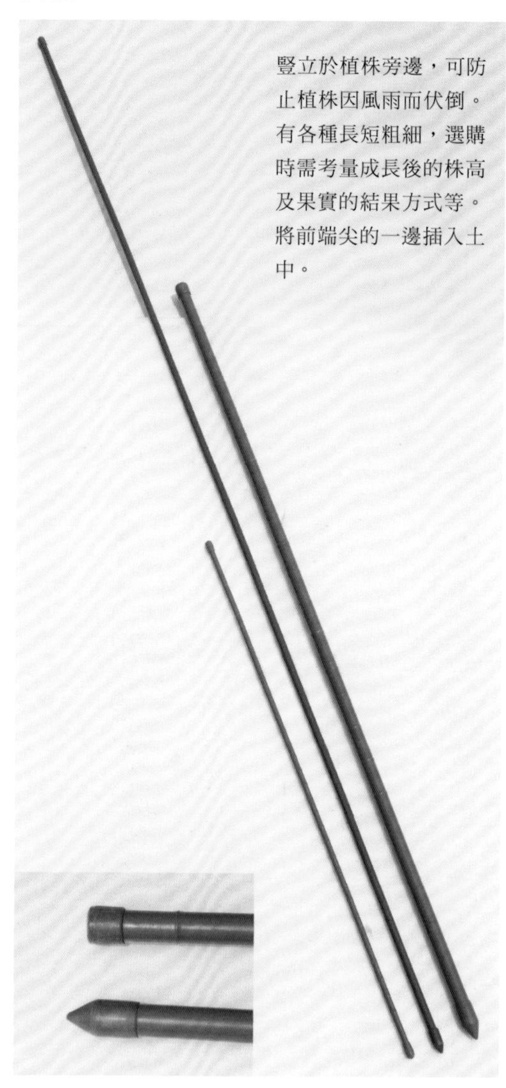

豎立於植株旁邊，可防止植株因風雨而伏倒。有各種長短粗細，選購時需考量成長後的株高及果實的結果方式等。將前端尖的一邊插入土中。

園藝用網

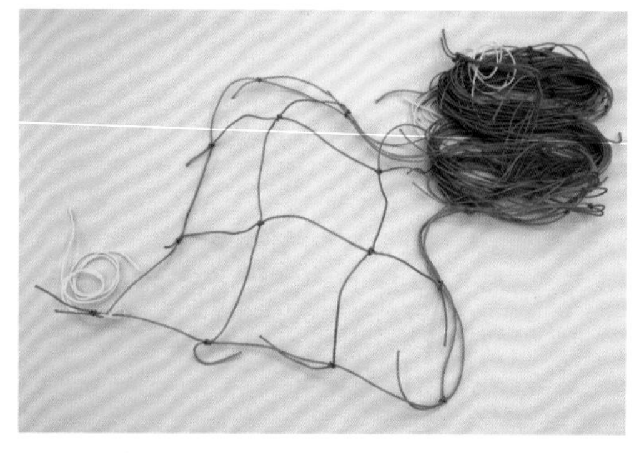

亦稱為「吊網」。讓小黃瓜等蔓性蔬菜的藤蔓攀爬栽培之用。網目以10～24cm的網子較容易使用（照片為網目10cm的網子）。

金屬固定器

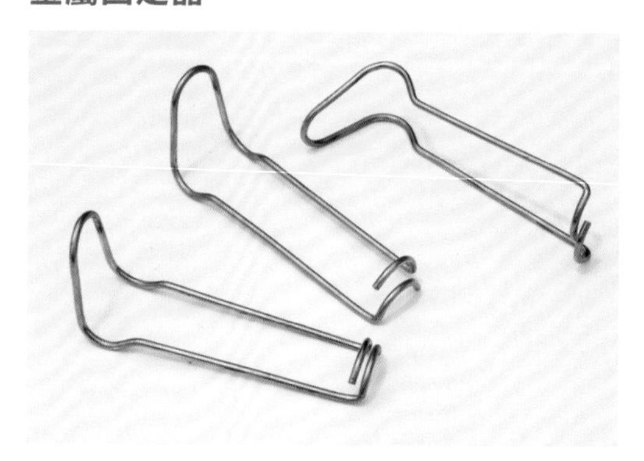

固定支柱用的金屬器材，稱為「吊鉤固定帶」或「管固定帶」。比使用繩子還方便，且可牢牢固定。需配合支柱的粗細選購。

不織布

覆蓋在畦床或作物上，具有防蟲、保溫、保濕等效果。有各種素材及顏色，佐倉式栽培使用聚丙烯製白色不織布。宜選擇透光率達90％左右的不織布。

稻殼

稻米的外殼，具有吸水性，於播種後將稻殼灑在上面可防止乾燥。播種後無法每天巡視菜園澆水的時候可使用。

透明聚酯薄膜覆蓋物

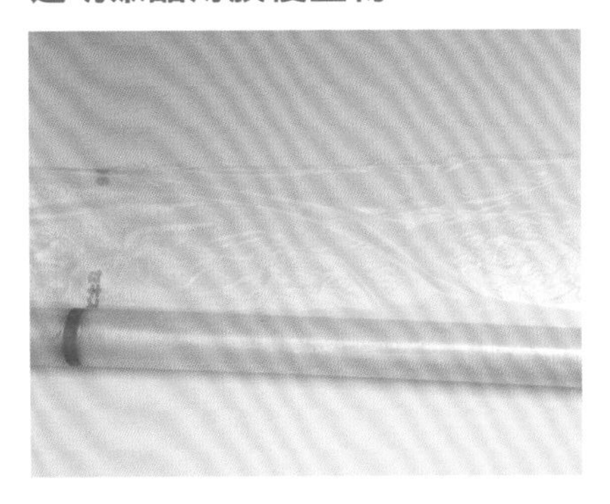

覆蓋物的種類有捲筒型、薄膜型、無洞型、有洞型等，覆蓋在畦床上使用。除了可防止土壤乾燥、泥水四濺外，對於減少葉子受傷及染病亦具有效果。透明型聚酯薄膜覆蓋物對於提高土壤溫度的效果特別高。

防蟲網

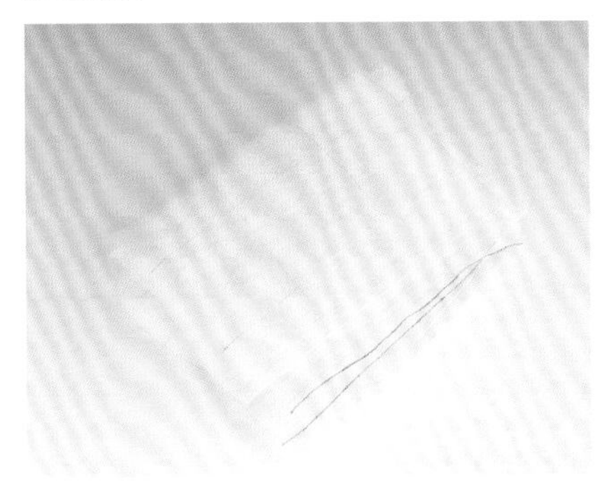

除具有防蟲效果外，亦可防風及些許的防寒效果。有各種素材及網目，其中以聚丙烯製、網目0.8～1㎜的白色網子較方便使用。

稻殼灰

將稻殼蒸烤碳化而成的鹼性資材。和土壤混合可改善通氣性透氣性，對於微生物的增殖亦具有功效。佐倉式栽培越冬蔬菜時，用來提高土壤的溫度。

黑色聚酯薄膜覆蓋物

與透明聚酯薄膜覆蓋物一樣，厚度為0.02㎜，雖然很薄，但對於防止土壤乾燥、預防染病等均具有效果。又由於不透光，防除雜草的效果頗高。

透明塑膠布

市面上販售的「隧道式用塑膠布」，進行太陽熱消毒土壤時，可用來提高土壤溫度。選擇厚度0.05㎜以上的塑膠布較好。

稻草

鋪設於畦床或植株的周圍，具有防止乾燥，保護葉子及果實等效果。有長稻草與切成段的「短稻草」。栽培完畢後可翻入土壤中，成為微生物的食物。

有助於栽培的身邊器具

鞋拔、木匙

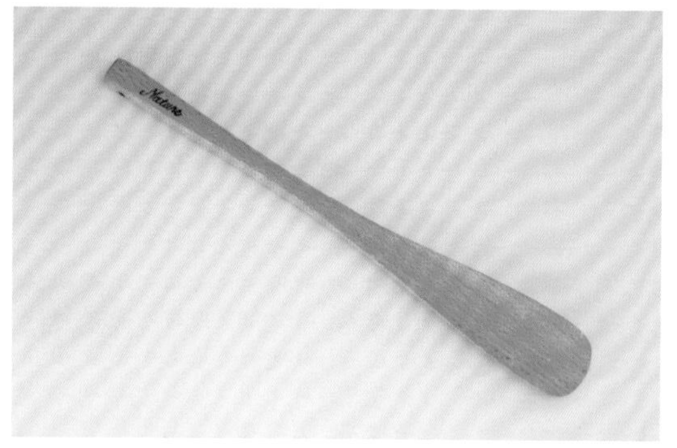

在行距狹窄場所，用來中耕相當方便。前端部分細小者較容易使用。

自己動手做 播種用器材

用指頭捏起細小的種子播種時，一個地方常常會播下太多的種子。因此，佐倉式構思出使用厚紙及竹筷製作播種用器具，可將種子1粒粒播下。

製作方式很簡單。將厚紙板切成寬7～8cm，長15cm左右。一方的前端形成寬2cm左右，再將兩邊斜切後折半。竹筷則將一頭的前端稍削尖。播種時，將種子放在厚紙板上，使用竹筷從厚紙板較細的一方將種子一粒粒播下。

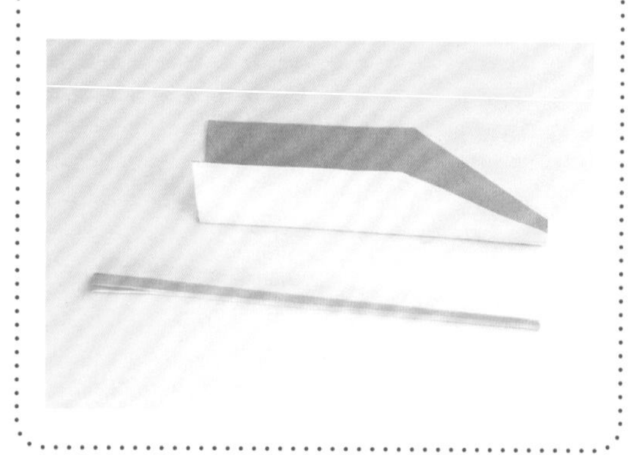

夾子

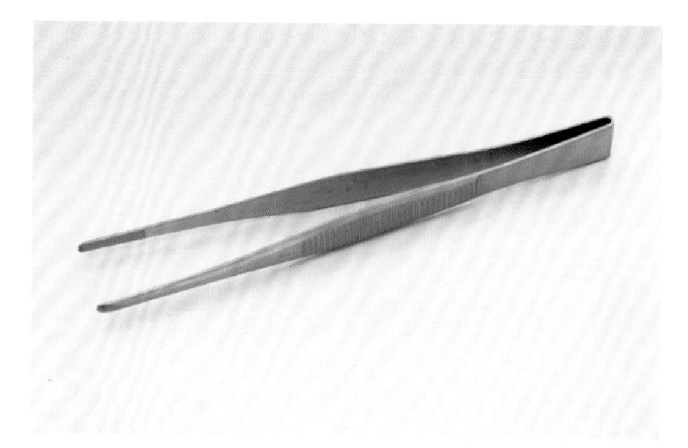

可用來夾起小東西的V字形器具。做為苗株間拔之用非常方便。

木板

在播種前可用木板整平土壤表面，或條播時用來作成播溝。以厚1cm、寬10cm、長60～70cm的木板較佳。

筆

使用於草莓等兩性花（1朵花中有雄蕊與雌蕊的花）的人工授粉。筆尖柔軟的毛筆較佳。

不使用農藥的病害蟲防治措施

師法自然界生態結構的病害蟲防治措施

任意擾亂自然界的生態系

栽培蔬菜時，幾乎可以說一定會遭到蟲害及染病。這是因昆蟲及細菌為了生存必須以植物為食物。與人類一樣，動物及微生物不吃食物就無法存活下去乃是當然的。長在蔬菜上的昆蟲及細菌與其他生物進行生存競爭中，在自然界取得了牠們與其他生物共同生活的平衡點。

例如，蚜蟲係吸食蔬菜葉汁的害蟲，七星瓢蟲則是捕食蚜蟲的天敵。天敵若沒有食物來源的害蟲就無法生存。不過，因天敵也會被野鳥所捕食，七星瓢蟲數量就會受限而不會急遽增加。這些生物在自然界中維持著共同生存的狀態。

使用不存在於自然界的化學農藥，只造成特定的害蟲及病原菌減少時，就會助長自然界發生脫序現象。因此，有機栽培所採取的病害蟲防治措施就是以不使用化學農藥為基本，洞悉可容忍病害蟲危害範圍後所選擇的共存之道。所採取的每一項防治措施並未像農藥那般具有絕對的強勢，而是儘量不擾亂自然界的秩序，對環境及人類可說都是友善的措施。

早期發現、早期防範就是最好的防治措施

蔬菜即使發生病害蟲的危害，但在早期並無徵兆顯示出可一看就獲知明顯的受害。雖然在葉子上已有微細穿孔，形成輕微損傷狀等變異跡象，但很容易就被忽略過去。不過，若能不錯過這些徵兆，在發生的極早期就發現害蟲，並立即採取措施，即使只用手去除也能及時防治。此外，大多數的病原菌係由植物上的傷口侵入，昆蟲所啃食的傷口變成細菌侵入口的實例極為常見。因此，採取害蟲防治措施與疾病的預防密切相關。

二斑葉蟎、蚜蟲、粉蝨科、薊馬等的害蟲很小，不易發現，在受害擴大前不會注意到已有害蟲侵入。小蟲的繁殖速度迅速，增殖率也很高，因此，仔細觀察，早期就採取防治措施非常重要。此外，對於青蟲及斜紋葉盜蟲等孵化不久就會變成幼蟲，需格外注意，在早期就予以驅除。因牠們一成長，食量就會增加，不久危害範圍就會擴大到很棘手的地步。

定期噴灑稀釋過的醋可預防疾病外，為防治害蟲，可噴灑苦楝萃取液（參閱140頁）。

被蟲啃食，葉子變成蕾絲狀的高麗菜。無法行光合作用，生長狀況變差，因此，需在被危害前就採取措施。

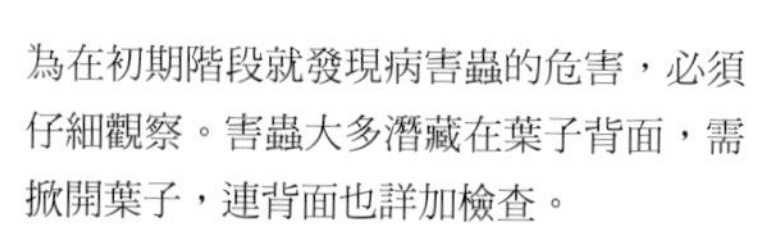

為在初期階段就發現病害蟲的危害，必須仔細觀察。害蟲大多潛藏在葉子背面，需掀開葉子，連背面也詳加檢查。

1 利用輪作、間作、混作，勿擾亂生態系平衡

何謂輪作？

在同一場所反覆栽培相同蔬菜，生長就會變差，稱之為「連作障礙」（參閱14頁），避開的方法就是栽培不同種類的蔬菜。將菜園的配置與多種蔬菜的種植順序合理地組合搭配種植，並模型化，形成循環的栽培技術，稱為「輪作」。

組合搭配種植的基準就是設定為：同科（植物學上的分類）的蔬菜不連續種植；種植根部深入伸展的蔬菜後，其次種植根淺的蔬菜；很會吸收養分的蔬菜之後，栽培吸收養分較少的蔬菜等。輪作可減少病害蟲的發生，也可適度地減少雜草的發生，土壤中的微生物多樣化後，土壤就肥沃了。

何謂「間作」與「輪作」？

可高密度有效率地進行輪作的就是「間作」與「混作」。在一塊畦床上隔開耕作兩種類作物，稱為「間作」。例如，種植麥子的畦床與畦床之間種植西瓜，麥子收割完畢後變成西瓜田的一種方法。

另一方面，在一塊畦床上並排種植多種作物的情形，以及在每一塊畦床上各自種植不一樣的作物，這種種植方式稱為「混作」。

利用相剋作用進行輪作、間作、混作

所謂的相剋作用（Allelopathy）就是：「植物釋放出的化學物質對其他植物、動物、微生物產生阻礙或促進的某種作用之現象」。

主要的利用範例如下：①將金盞花（Marigold）納入輪作，可防土壤線蟲（參閱左上欄）；②在葫蘆科蔬菜的根部混作長蔥，可預防蔓割病；③在茄科果菜類的植株根部混作韭菜，可預防萎凋病；④與葉蔥混作可預防菠菜的萎凋病等。

利用相剋作用的混作有幾點注意事項。請參閱左欄，注意其產生效果的利用方法。

輪作示意圖

第1年	夏作	茄子（茄科）
	秋作	高麗菜（十字花科）
第2年	夏作	玉米（禾本科）
	秋作	萵苣（菊科）
第3年	夏作	小黃瓜（葫蘆科）
	秋作	菠菜（藜科）
第4年	夏作	毛豆（豆科）
	秋作	紅蘿蔔（繖形花科）
第5年	夏作	地瓜（旋花科）
	秋作	洋蔥（百合科）
第6年	夏作	秋葵（錦葵科）
	秋作	白蘿蔔（十字花科）
第7年		茄子（回到第1年）

種植金盞花可預防白蘿蔔的根腐線蟲

在白蘿蔔的前作安排種植金盞花，可防止土壤中根腐線蟲的增加。金盞花綻開大朵花的品種為非洲種「非洲金盞花」；綻開很多小花的品種為法國種「Ground Control」；不會開花的品種為「常春（Evergreen）」，均具有效果。於4月播種，以50cm正方形的場地種1株，種植時間3個月以上。8月時翻地，在前一日先將地上部分放倒較容易作業。翻耕後，約隔1個月後開始秋作。

利用相剋作用的混作注意事項

❶ 將搭配種殖的植物緊挨著栽培
根與根之間若未接觸效果就不會顯現。為使雙方蔬菜的根交相纏繞，需緊挨著栽培。

❷ 設想長高後的植株高度
哪一種會遮住陽光而影響生長呢，為避免發生這種情形，需考量長高後的植株高度再安排種植種類。

❸ 同時種植
藉由同時種植效果就會顯現。為符合雙方種植適期，需安排種子及種苗。

❹ 注意肥料不足的情形
為在植株根部種植不同蔬菜，比通常需更多養分。為避免互相爭奪養分，需增加施肥量。

2 種植抗病性品種、具抵抗性品種、嫁接苗

何謂「抗病性品種」、「具抵抗性品種」？

所謂的「抗病性」就是病原菌的密度低時不易染病，即使發病，程度也是輕微的；或即使感染病原菌也會延遲發病等具有抗病性的性質。進而對於疾病具有很強抵抗力之性質，稱為「抵抗性」。建議積極種植抗病性品種、具抵抗性品種，注意疾病的防治。在種子袋及插在種苗上的標籤均會註明抗病性及抵抗性，購買前需仔細確認。

十字花科蔬菜方面，在品種名稱上有的會標示「CR（根瘤病抵抗性）」、「YR（萎黃病抵抗性）」。

抗病性品種及抵抗性品種並非萬能。病原菌這一方對於新品種也會使病原性（Race）發生變化，並非沒有發病的可能。

以下是一極端的實例。為對付菠菜的霜霉病，每年均研發出新的抵抗性品種，目前市售的抵抗性品種已至Race 10。這是一場永久且持續的人與病原菌之間的戰爭。應搭配輪作及栽培方法進行綜合性思考。

選擇栽培期間短的品種

選擇極早熟或早熟品種栽培，由於栽培期間短，遭到疾病及害蟲危害的可能性較低。除了可利用抗病性品種、具抵抗性品種及嫁接苗外，也可考慮早晚熟性後選擇品種。

小黃瓜的嫁接苗。砧木使用抗病蟲害強的蒲瓜。砧木的雙子葉與栽培品種的雙子葉計有2組4片的雙子葉。

嫁接苗

番茄的嫁接苗。在莖的下方有接合處。砧木使用抗病蟲害強的砧木用番茄等。

果菜類種植嫁接苗，可預防病害蟲的危害

所謂的「嫁接苗」就是以抗病害蟲能力強的野生種及同科的其他蔬菜作為砧木（成為基礎的植物體），接合想要栽培的品種培育而成的種苗，稱為嫁接苗。價格稍微貴些，但具有抵抗病害蟲能力，不易產生連作障礙，且低溫下也容易培植等效果，結果具有增加收穫量的優點。即便是不連作，但在栽培頻率高的情形下，或租借的農園「不知前作種什麼」等情形下，建議特別需要使用嫁接苗。

嫁接苗除了標籤上有記載外，在莖下接合處，葫蘆科蔬菜的雙子葉為2組計4片（砧木的雙子葉與栽培品種的雙子葉）等特徵，可加以區分。

市售的嫁接苗有茄科與葫蘆科的蔬菜。其他蔬菜有販賣以播種種子培育而成的自根苗（實生苗），請選用這種種苗。

3 使用覆蓋資材，以物理方式防治病害蟲

覆蓋於蔬菜上是爲了隔離害蟲

為避免蔬菜遭害蟲危害，使用不織布、防蟲網或寒冷紗等資材覆蓋，稱為「覆蓋栽培」。使用覆蓋物在某種程度上可隔離害蟲危害蔬菜。

覆蓋栽培有幾種方法。第1種方法為在畦床上架設隧道式用支架，在支架上覆蓋資材，呈隧道狀的「隧道式覆蓋」法。其優點為可讓植株長大到某種程度。

第2種方法為不使用隧道式支架，將資材直接覆蓋在畦床上的「直接覆蓋」法。在發芽後不久的時期，或植株不高的葉菜類、根莖類可用這種方法栽培。

第3種方法為介於隧道式與直接覆蓋的中間型覆蓋法，稱為「浮動式覆蓋」法。這種方法係將隧道式支柱的間隔拉大，且高度較隧道式還低，距離畦面稍微浮起的高度，並在上面覆蓋資材，為佐倉式栽培經常使用的方法。

不論哪種方法，在播種或種植後就需馬上覆蓋蔬菜，將覆蓋物邊緣緊閉，使害蟲無法侵入內部，非常重要。

覆蓋物必須在栽培中撤除

在蔬菜的成長上，陽光是不可或缺的。覆蓋資材有各式各樣的製品，其透光率與通氣性透氣性依製品而異。選購資材時需確認標示，儘量選擇透光率高的資材。此外，資材的網目愈小，害蟲就愈不容易通過，但相對的，通氣性透氣性有可能會變差。購買時需確認通氣性透氣性。

不論是用哪種方法覆蓋，覆蓋資材均需在栽培途中撤除。大多是在採收的2～3週前撤除。讓蔬菜充分曬太陽非常重要。撤除覆蓋資材後，很有可能會遭到害蟲危害，但可培育出健壯的蔬菜。

防蟲網的隧道式覆蓋栽培。

使用於直接覆蓋與浮動式覆蓋等的不織布。具有保溫、保濕效果。

不織布的浮動式覆蓋栽培。

防蟲網以網目0.8～1㎜的白色網較容易使用。也有製成含有銀線條紋的網子，希望對蚜蟲產生驅避效果。

不織布的直接覆蓋栽培。

也有使用聚酯薄膜覆蓋物的防治方法

蚜蟲及薊馬不喜發亮資材，因此，為預防牠們飛入，將銀色覆蓋物（照片上）或含有銀線條紋的聚酯薄膜覆蓋物（照片下）覆蓋在畦面上。蚜蟲會媒介病毒，因而也具有防病之效果。

4 利用防治資材，避免病害蟲危害

搭配使用來自天然的防治資材

農藥之中有一種不會對農產品、人類及動物等有危害之虞的農藥，那就是被指定為「特定農藥」所使用之資材：①原生之天敵、②食用醋、③小蘇打、④乙烯、⑤次氯酸水。佐倉式使用其中的食用醋（米醋）來預防疾病，以及原生之天敵。食用醋被認為可提高抗病力，因係酸性，亦被認為具有殺菌力而運用於栽培上。天敵由於溫存植物（Banker Plants，參閱142頁專欄）的關係而可進行溫存及增殖。

其他可望具有害蟲驅避效果的資材，尚有撒布以苦楝油的榨渣為主要成分的苦楝油渣、由苦楝種子萃取的苦楝萃取液等。苦楝（參閱20頁）具有獨特的氣味，據說其有效成分印楝素對危害蔬菜的害蟲具有驅避效果。在日本並未被認為係屬於農藥，由於苦楝油渣含有氮素，市面上以特殊肥料銷售。佐倉式用來做為肥料，期望具有驅避效果。

海藻黏糊糊成分的驅避效果也備受期待

佐倉式也有利用由海藻萃取的莖葉灑布液體肥料。係以特殊肥料販賣，來自海藻的成分可使植物健壯。此外，噴霧性高，可緊貼在灑布的葉面上的一種製品，據說亦具有堵塞蚜蟲及蜱等較小害蟲氣門（呼吸孔）的效果，因效果可期而加以噴灑。因在莖葉的表面會形成薄膜，對於小黃瓜的白粉病亦具有效果，可於發生前預防性使用。

不論何種資材，當病害蟲的危害擴大後，欲全部撒布可說並不容易。在發生初期的預防驅除相當重要。

有關使用苦楝的注意事項

日本食品衛生法將苦楝的有效成分印楝素以及由苦楝果實所搾取的苦楝油列入「確認對於一般人體健康無損害之虞，並經厚生勞動大臣認定之物質」，對於其安全性有一定之評價。美國則於1985年由環境保護署（E.P.A）認可為安全農藥。

不過，未來並無法斷言苦楝全無危險性，在這方面與化學農藥相同。由於是天然的產物，對於環境並非不會造成不良影響的物質。苦楝的大量使用與化學農藥一樣，或許也會擾亂自然界的秩序，需有這樣的認識，並避免過度使用。

資材的使用方式

莖葉灑布液體肥料（海藻萃取液）

取自海藻具有強力的黏性成分，噴灑後會在葉子表面形成薄膜的製品較佳。因不易溶於水中，需分2階段稀釋，依製品規定之稀釋倍率稀釋後使用。使用噴霧器等對全部作物噴灑。

苦楝萃取液

由苦楝種子萃取的資材，選購純度高、有效成分含量多的製品。依製品規定之稀釋倍率稀釋後使用。其有效成分容易被紫外線分解，因此，在傍晚噴灑效果較好。

苦楝油渣

以苦楝油的榨渣為主要成分，市面上以特殊肥料銷售。除在土壤培肥時撒布外，也可撒布在畦面及植株周圍。植株成長至某種程度後，可由葉子上面稀疏撒下。

食用醋

食品賣場所販售的食用醋可用於白粉病等疾病之防治。建議使用稻米釀造的醋（米醋）。以水約300倍稀釋（大約水1ℓ加入3ml醋），對全部作物徹底噴灑。

5 栽培管理作業 積極進行預防性的防除

勤加整枝與適期間拔，使病害蟲不會發生

番茄及小黃瓜等果菜類方面，若任令莖葉茂密生長，導致日照及通風不良，成為病害蟲發生之原因。經常進行修剪整枝，營造成一個病害蟲不易發生的環境相當重要。

不過，側枝及子蔓的整理需長至某種程度後再進行。在很小的時候就將側枝及子蔓摘除後，原來保留下來的莖一受到傷害，就會造成無可挽回的損害。此外，摘取側枝之處的切面，對蔬菜會形成傷口，成為病原菌的侵入口。為使切面迅速乾燥，選擇晴天的日子再進行作業，切除時留下1㎝長度等方面需多加用心，就可防止病原菌的侵入。

由種子開始培育的葉菜類及根莖類的栽培方面，適時進行間拔，隔開株距，使日照與通風良好非常重要。

被害蟲傷害之處需儘早盡早去除

玉米方面，長在最上面的雄穗（雄蕊）在出穗前後，亞洲玉米螟喜好在此時侵入雄穗並產卵，最後潛入果實內部啃食造成傷害。受粉後將亞洲玉米螟侵入處的雄穗切掉，就可防止危害。蠶豆是蚜蟲的最愛，一到春天就群集在莖葉上，使植株全體受到很大的傷害。因此，在株高50～60㎝時，將各枝的前端切下，進行摘葉。將蚜蟲所喜歡的新芽摘掉後，就可防除蚜蟲。

在採收結束時期快逼近才進行採收，此時植株呈現疲弱，被病害蟲侵入的可能性大增，這可說是所有蔬菜的共通點。特別是果菜類方面，「因為還在結果實，切除的話就可惜了」，並不是可一直持續採收，因而需在植株衰弱前就結束採收，進行整理也相當重要。

蠶豆摘葉的情形。在株高50～60㎝時，將蚜蟲容易附著的莖前端切除。切下來的部分已經有黑蚜蟲密密麻麻聚集著。

茄子下方葉子的切除。果菜類除進行整枝外，長在地表上的葉子需全部切除。如此可使植株根部通風，防止病害蟲的發生。

6 利用植物防止害蟲入侵&增加天敵

屏障作物（barrier crop）有助於天敵的增殖

以前曾經在耕作地帶的蔬菜畦床與畦床之間種植麥子，進行間作。這是因麥子做為蔬菜的防風及害蟲的屏障很有效用。

佐倉式為防止害蟲侵入菜園內，在菜園的周圍種植綠肥作物甜高粱（sorgo）。以甜高粱做為天敵的棲息處而成為溫存植物（參閱左欄），天敵也會到其他蔬菜處捕食害蟲。種植綠肥雖然無法採收作物，但在菜園中棲息著天敵則會產生另外的好處。

具體例子如在茄子周邊種植甜高粱時，可阻止茄子害蟲薊馬類的入侵。發生於甜高粱中的薊馬類及蚜蟲類，其天敵小黑花椿象類會增殖起來。聚集在甜高粱的蚜蟲類就不會入侵茄子。因為聚集在茄子的蚜蟲類會被天敵所捕食。

在菜園周邊經常維持著開花狀態

在初春的菜園中，昆蟲會聚集在花朵及雜草的綠葉中。由於芽蟲等害蟲會聚集在雜草中，天敵也會聚集在此。這並非是一種具有絕對效果的防除方法，但包括雜草在內，在菜園及其周邊不間斷地讓花朵綻放是很重要的。天敵小黑花椿象就如其名，經常可在花朵中看到其蹤跡。在菜園害蟲活動期間的5～9月，為聚集小黑花椿象類，種植比蔬菜花還早開的白三葉草、春飛蓬、蒲公英、大薊、一年蓬等雜草，以及培育金盞花、秋葵、甜羅勒等，可讓花持續綻開至入秋。

何謂溫存植物（Banker Plants）

所謂的Banker指的就是銀行家。由「將錢儲存在銀行」的意思，轉成含有「儲存天敵」的意思，因而得名，亦稱為「天敵溫存植物」。

利用植物（綠肥作物）防除雜草

栽培蔬菜時最令人傷腦筋的就是雜草。雜草叢生會阻礙蔬菜的生長，在栽培管理上相當費力。雖說如此，但將雜草盡除，裸露出土地的狀態，又會造成土壤乾燥及肥分流失，因而也絕不是良好狀態。

雜草沒光線就不會發芽。在畦面上鋪設黑色聚酯薄膜覆蓋物遮光，也是一種防除雜草的方法，但建議使用綠肥作物覆蓋土壤表面的方法。禾本科的「燕麥」、「大麥」、「小麥」做為覆蓋物，對於抑制雜草及保護土壤頗具效果。在生育生長後，切除植株根部，也可做為鋪設稻草之用。在畦面上鋪設稻草，除可防止土壤乾燥外，在栽培結束後可翻入土中做成堆肥。

豆科的「長柔毛野豌豆（hairy vetch）」具有可抑制其他植物發芽的相剋作用（參閱137頁），建議可用來防除雜草。但因也會抑制蔬菜的發芽，在栽培或翻耕土壤的場所，以種在畦與畦之間及走道為宜。

在南瓜畦床的隔壁播種「覆蓋物栽培麥子」，一面進行植生覆蓋物（living mulch），一面栽培南瓜的情形。

鋪設稻草栽培韭菜的樣貌。除可防止乾燥外，亦具有防除雜草的功用。

有機資材的主要廠商

伯卡西肥料

NEW金之有機	Sakata種子通信販賣部	http://sakata-netshop.com	☎045-945-8800
Classic基肥／Original追肥	Biogold（株式會社TACT）	http://biogold.co.jp	☎0276-40-1112
專家有機	日本 Macland 株式會社	http://www.e-yasai.com	☎04-2945-0604
放線有機生態	川合肥料	https://kawai-hiryo.com/shop/	☎0538-35-6450

微生物資材

生物科技Bio ACE	Sakata的種子通信販賣部	http://sakata-netshop.com	☎045-945-8800
Cofuna 1號	Nichimo	http://www.cofuna.jp	☎03-3458-4369

※以上2項也可利用太陽熱消毒（配合耐熱的微生物）。
以下3項太陽熱消毒時不可使用，僅使用於種植前的土壤培肥之用。

Askaman 21	Aska	http://www.askaman.com	☎042-593-5951
NEGAJOBE（ネガジョーブ）	OM科學	http://om-science.blogspot.jp	☎072-472-7017
haihumin-hibrid G	日本肥糧	http://www.nihonhiryo.co.jp	☎03-3241-4231

苦楝油渣

AZ AZ kernel cake	OM科學	http://om-science.blogspot.jp	☎072-472-7017
大興苦楝餅	大興貿易	http://daikotrading.shop-pro.jp	☎0120-255-887
Nimes	Andes貿易	http://www.andes-trading.co.jp	☎03-3256-6871

苦楝萃取液

AZ Green	OM科學	http://om-science.blogspot.jp	☎072-472-7017
超級苦楝液	川合肥料	https://kawai-hiryo.com/shop/	☎0538-35-6450
大興苦楝油	大興貿易	http://daikotrading.shop-pro.jp	☎0120-255-887

莖葉噴灑液體肥料（海藻萃取液）

Pikako	Sea-blena	http://www.sea-blena.com	☎0283-25-1911
ALGIN GOLD 萃取液	Andes貿易	http://www.andes-trading.co.jp	☎03-3256-6871

有機液體肥料

Nature aid	Sakata的種子通信販賣部	http://sakata-netshop.com	☎045-945-8800
Sakata液肥GB／COMETAID	※可於園藝店及網路購買。		

PROFILE

佐倉朗夫 (Akio Sakura)

明治大學特任教授。研究領域為園藝學、有機農業。東京教育大學農學院畢業後，在神奈川縣農業綜合研究所及民間企業等致力於有機栽培之研究與推廣活動等。目前在明治大學自由研究院（Liberty Academy）擔任「農業科學」講座，教導市民有機栽培。著作有《有機農業與蔬菜栽培》（筑波書房）、《佐倉教授「直傳」！以有機、無農藥種植安全安心的蔬菜》（講談社）等。

TITLE

農業教授教你種出安心有機餐桌

STAFF

出版　瑞昇文化事業股份有限公司
作者　佐倉朗夫
譯者　余明村

總編輯　郭湘齡
責任編輯　黃思婷
文字編輯　黃美玉　莊薇熙
美術編輯　朱哲宏
排版　二次方數位設計
製版　大亞彩色印刷股份有限公司
印刷　皇甫彩色印刷股份有限公司

法律顧問　經兆國際法律事務所　黃沛聲律師

戶名　瑞昇文化事業股份有限公司
劃撥帳號　19598343
地址　新北市中和區景平路464巷2弄1-4號
電話　(02)2945-3191
傳真　(02)2945-3190
網址　www.rising-books.com.tw
Mail　resing@ms34.hinet.net

初版日期　2017年2月
定價　350元

ORIGINAL JAPANESE EDITION STAFF

撮影　谷山真一郎　上林徳寛　阪口 克　鈴木正美　成清徹也　福田 稔
藤田浩司　丸山 滋　渡辺七奈
写真提供　サカタのタネ
撮影協力　明治大学黒川農場
カバー写真　福田 稔
本文デザイン　畑中 猛（basic）
イラスト　江口あけみ

國內著作權保障，請勿翻印 ／ 如有破損或裝訂錯誤請寄回更換
KATEI SAIEN YASASHII YUUKI SAIBAI NYUUMON
© AKIO SAKURA 2015
Originally published in Japan in 2015 by NHK Publishing.
Chinese translation rights arranged through DAIKOUSHA INC.,KAWAGOE.

國家圖書館出版品預行編目資料

農業教授教你種出安心有機餐桌 /
佐倉朗夫著；余明村譯.
-- 初版. -- 新北市：瑞昇文化, 2017.02
144　面；21 x 25.7　公分

ISBN 978-986-401-154-4(平裝)

1.蔬菜 2.栽培 3.有機農業

435.2　　106000225